成长也是一种美好

走出抑郁

一个抑郁症患者的成功自救

王宇　著

人民邮电出版社
北京

图书在版编目（CIP）数据

走出抑郁 : 一个抑郁症患者的成功自救 / 王宇著
. -- 北京 : 人民邮电出版社, 2024.4
ISBN 978-7-115-63118-3

Ⅰ. ①走… Ⅱ. ①王… Ⅲ. ①抑郁－心理调节－通俗读物 Ⅳ. ①B842.6-49

中国国家版本馆CIP数据核字(2023)第217396号

◆ 著 王 宇
责任编辑 李欣玮
责任印制 周昇亮
◆人民邮电出版社出版发行 北京市丰台区成寿寺路11号
邮编 100164 电子邮件 315@ptpress.com.cn
网址 https://www.ptpress.com.cn
河北京平诚乾印刷有限公司印刷
◆开本：720×960 1/16
印张：19 2024年4月第1版
字数：300千字 2024年4月河北第1次印刷

定 价：69.00元

读者服务热线：（010）67630125 印装质量热线：（010）81055316
反盗版热线：（010）81055315
广告经营许可证：京东市监广登字20170147号

赞誉

每次读过的感觉都不一样，最后的一次，让我感到了力量。

——心理师钟琴

处在抑郁中的人甚至会忘记生活本身的样子，但没有经历过抑郁的人是无法感同身受的。

——孙雅丽

有缘遇到本书的朋友，希望你不仅能认真把书读完，而且能把书中的许多策略运用到现实生活中，用心去领悟。

——抑郁康复者

有许多经历和想法似曾相识，原来有的人经历过和我一样的痛苦，读这本书好像是在和自己的心灵对话，收获很大。本书的实践性、可行性、指导性都很强。

——莫匆匆

这本书带给我们一种精神，那就是生命个体在生活的困苦中依然顽强地坚持向前，而这种精神本身已足够成为人生的意义。

——心理师张海风

希望本书不仅能使痛苦中的抑郁症患者走出困境，同时也能帮助他们的亲人朋友们更理解他们，接纳他们。

——心理咨询师曹惠

谢谢你，我觉得这世界是温暖的，就是因为即使看到了最残破的风景后，仍然有着一颗温暖的心的人。你的故事很棒，让我感动。我从你那里得到了很多帮助，你让我有了重新快乐起来的信心。但愿每个人最终都可以战胜抑郁，活出真实自我。

——N7 驴子

谢谢你！让我懂得了这么多，一直都不了解关于心理方面的问题，我感觉我就是对自己的期待太理想化了，以至于希望所有的人都认可我。

——新浪网友

非常赞赏王老师现身说法的精神，以一个过来人和专业的视角来阐述抑郁症，非常贴切和到位，真的感谢你，你理解得太深刻了。

——新浪网友

真是谢谢，我曾经也深受抑郁的伤害并因此辍学，我以为时间可以冲淡一切，但最近又因为一些小事回到了原来的状态，非常痛苦和害怕。大脑混混沌沌、情绪低落。看了这本书觉得心情好多了，也变得理性些了。

——新浪网友

推荐序一

小鸟为什么要唱歌

1

罗洛·梅（Rollo May）写过一本重要的书，叫《焦虑的意义》，它让人看到，原来“焦虑”不只是痛苦的，也是有意义的，就是让人反思自己的存在。

现在，王宇写了一本书，叫《走出抑郁：一个抑郁症患者的成功自救》，从副标题来看，抑郁是痛苦的，但也有意义，就是帮助人找回真我。

因此，作者引用吉尔伯特（Gilbert）的话说：“抑郁的目的在于迫使你停下来弄清楚自己是谁，将走向何方。它要求你给自己定位，这虽然痛苦，却是产生转变的驱动力。”

接下来作者表示：“当我陷入抑郁的时候，还无法很好地理解这句话；走出抑郁后我才发现：如果抑郁不曾流淌过我的生命，想必我永远都不会知道自己是谁，将走向何方。”

2

有一个词汇叫“曾经受伤的疗伤者”（the wounded healer），它让我们对心理疗愈有了新的理解。有一些伟大的心理治疗师自身经历过深切的心理苦痛与挣扎，这种经验对于他们从患者变成医者是十分重要的。读王宇的书，我们发现的便是这样一种情形。王宇写出这本书，不只是出于他做心理咨询的经验，更重要的是出于他自己患病的经验。他并不讳言自己曾是一个抑郁症患者，后来成了一个抑郁症的治疗者。在他身上，经历了从“受伤者”到“疗伤者”的转变，这种转变与整合，使他既能真切体谅抑郁症者的痛苦——因为他自己曾经这样痛苦过；又能成为一个真实的引导者，帮助来访者走出抑郁——因为他自己曾经走出抑郁。

当然，一个“受伤者”并不见得就会成为“疗伤者”，但是，一个“疗伤者”需要有心理苦痛与挣扎的自我体验。更为重要的是，从“受伤者”向“疗伤者”的转变，需要经历更深的自我觉察。没有觉察，不可能有转变。

因此，在心理咨询领域，也存在复杂的现象，皆与觉察有关。有一些咨询师，他们自身并没有经历深刻的觉察，内在有“病”的阻碍，外面却承担着一个治疗者的角色。也有一些在心理学领域有很高声誉的人，也是因为没有深刻的觉察，拥有很多心理学的理论，却不懂心理咨询。相反，这些年来，我接待了许多有心理困扰的来访者，他们可能比心理学教授更懂心理学，我这样说，大家也不必觉得奇怪。

有这样一些人，他们自身经历了心理的痛苦与挣扎，对心理学迷恋，并且接受心理咨询的训练，然后踏踏实实去做，把心理咨询当成自己的使命，当成生命的召唤。这样的人，是真的懂心理学的，他们正在成长，会成为最好的心理咨询师。

我愿意相信，王宇是这样的人中的一位。

3

我和王宇并不十分熟悉。但在和他有限的接触中，我能看到他的独特。

罗洛·梅的弟子孟德洛维茨（Mendelowitz）曾来“南京直面心理咨询研究所”讲课，其中讲到罗洛·梅训练学生的一个特别经验，给我留下颇深的印象。罗洛·梅在讲课的时候，会关注那些坐在角落里认真倾听却不大说话的学生。有机会的时候，他会要求这样的学生出来表达一些自己的想法，发现他们的想法总是非同一般。在他看来，这样的人更可能会成为好的心理咨询师。

我跟王宇的几次接触发生在“南京直面心理咨询研究所”。王宇偶尔会来参加在这里举办的一些研讨活动。我发现，他常常坐在一个角落，在那里听着，却不大说话。这让我想到了罗洛·梅的故事。

4

在咨询中，一个咨询师随时携带两个角色，一个是“病人”，一个是“医者”。“病人”的角色可以跟来访者联结，进入对方，了解对方；“医者”的角色可以带领来访者，协助对方移除症状的遮蔽与阻碍。

我常常说，生命的本质是成长，成长的目标是成为自己。心理症状反映的情况是：一个人在生活中没有找到成为自己的路，他的成长进程受到了阻碍，甚至陷入停滞的状态。因为不知道自己是谁，也不知道怎样成为自己，更没有勇气成为自己，在症状里的人呈现的是自己本来不要成为的那个样子。当一个人不能成为自己，他看到的是受伤的自己——因为不能成为自己，他甚至让自己更加受伤，更加痛苦。

因此，在这本书里，我们看到一个人——作者自己的影子——在这个世界上走来走去。因为找不到成为自己的路，他几乎不想走下去了，他不想这样痛苦地活下去。但同时，他也在为自己寻找一个活下去的理由，但却找不到。他又不甘心，还要去找。这些痛苦与挣扎，世界并不知道。他遇到一群人，听他们讲自己的经历与理想；他看了一场电影，看到了一个人失去亲人时悲恸的一幕。这一切都让他想到了自己。世界似乎没有留意他，但他试图从世界上寻找哪怕一个小小的理由，一个小小的感动，一点小小的信息。他看到一个心理咨询热线的号码，于是打了一个电话，不是对方对他说了什么，而是他决定活下去，因为他“已经找到了必须承受这份痛苦的理由”。“这一切的转变都只发生在当我要结束生命的那一刻，都只发生在当我离死亡如此之近的时候，才发现生命中什么对我才是最重要的，不是痛苦，不是绝望，而是爱！为了爱，我甘愿痛苦；为了爱，我敢于直面绝望。”这正如尼采所说：一个人有了活着的理由，就可以承受生活的任何境遇。

原来，这是一本颇具“存在与直面”意味的书。

5

作者写这本书，先讲自己患上抑郁症与寻求治疗的经历。那些感受性的文字如此真切、清晰、细致入微，非亲身体验是不可能写得出来的。相信这会引起许多遭受心理困扰的人的共鸣。

首先，读这些文字时，我感受到的是作者那颗敏感的心。在这种敏感与细致的地方，可能产生神经症，也可能产生真正的创造力。关键就在于“觉察”。受到遮蔽时，神经症产生了；发生觉察时，创造力就出现了。

其次，作者的文字让我感受到一种文学的魅力。文学总是这种敏感的灵魂的伙伴。日本文学理论家厨川白村称“文艺是苦闷压抑的象征”。当一个人的心灵受了伤，他的情感受到症状的遮蔽，我们就在那里发现了文学。

我一直觉得，在心理学产生之前，文学也承担了心理医治的一部分任务，现代心理学也是从文学里吸收了许多资源。我们从弗洛伊德、荣格、罗洛·梅、弗兰克尔、欧文·亚隆身上都可以看到这一点。

6

从这本书中可以看到，作者广泛吸收了当今心理治疗学派的各种方法，并把它们整合到自己的咨询实践中去，得到验证，因此在讲述怎样应用这些方法时显得颇为自信。不仅是方法，更包括他从精神分析心理学那里获得的对人类心理的洞察，也包括从人本主义心理学和存在主义心理学中获得的感悟，使他得以对抑郁症的深层根源做出分析，时而显示出自己的见地，其中涉及抑郁与完美主义、逃避等方面。在这一点上，他和直面心理学方法有许多共同的看法。

在这本书中，我们看到心理治疗的两个探索路向：一个是“朝内走”的过程，即协助来访者探索他自己，找到抑郁的内在根由，这一路向的本质在于觉察；一个是“朝外走”的过程，当一个人在内部获得了觉察，他接下来就需要朝外走，朝生活中去，不再用“等我好了，一切都将不同”来自欺，要做到这一点，就需要一个人有勇气。

7

在上海举行的第二届存在主义心理学国际会议上，埃里克·克雷格（Erik Craig）在演讲中问了一个问题：“一只小鸟为什么要唱歌？”接着，他给出了这样的回答：“因为它有一首歌！”

读到王宇写的书，我想到：这本书，就是王宇的歌。因为有那样一段非同寻常的生命经历，他从中感受到自己的使命：把它写出来，让它成为自己的歌，也是为了唤起更多的人唱出自己的歌。

因为唱歌，小鸟成了自己。

因为写出了自己的书，王宇找回了他自己，也将帮助许多人找回真实的自己。

王学富

推荐序二

成为美丽的蝴蝶

我的童年是在“暴力”家庭中度过的，我是那个受害者。那些令人心酸的灰色剪影一直在困扰着我，因此我一直坚定地认为自己连孤儿都不如，是世界上最可怜、最令人讨厌的人。这种低人一等的感觉一直持续了十几年，事实上我早已成为第二个对自己施暴的人，将自己一步步推向抑郁的深渊。但解铃还须系铃人，所以我一边被抑郁的恐惧笼罩着，一边在黑暗中寻求希望。

那时，但凡和抑郁有关的书和网络文章我都不会放过，因为只有书和网络文章才能让我看到希望。

我生活的地方是一个小县城，当地没有专业的心理治疗机构。我是通过网络才了解到心理咨询师这个词的，所以做心理咨询也是通过网络视频进行的。记得我接受的第一次心理辅导是在半信半疑中结束的，但在咨询的过程中我能感受到王宇老师的真诚。之后的一个月，我一直在犹豫要不要继续进行心理咨询。

“人类所有的想法和人类所有的行为，不是出于爱，便是出于怕”。我真怕失去身边的一切，我的爱人、家人、工作，因为我爱他们。最终，我决定坚持下去，并在后来每周一次的心理咨询过程中渐渐看到曙光。在我和王宇老师的共同努力下，我重新认识了自己，重新认识了生活。当然，与抑郁搏斗的过程并不简单，也许只有经历过抑郁的人才能体会到其中的艰辛与痛苦。

接受咨询的那段日子，是我人生中一笔宝贵的财富。

得知王宇老师出新作时，我期待万分。当我一字一句地读完书稿，心中满是感动，此书就是一个活生生的心理咨询师在耐心地讲解。这是王宇老师多年的临床实践经验的总结。本书不仅具有较强的专业性，可以让抑郁者进一步了解抑郁，而且书中的许多自助方法及真实案例仿佛又把我带回当初的咨询现场，让我感到非常亲切。或许没有心理困惑的人看这本书会觉得它平淡无奇，就像青草一样平凡，但对于处于内心挣扎的抑郁者来说，它却有如珍宝，因为它可以让心灵的冬季早些结束，并给人雪中送炭般的温暖。对于在黑暗中苦苦寻求希望的朋友们而言，这本书可以协助你正视并解决自身的问题，带你勇敢地直面黑暗，并给予你更多的希望。

当然，最能给予你力量的不是咨询师也不是书籍，而是你自己。只有当毛毛虫产生了飞的欲望时，它才有可能破茧而出，成为一只美丽的蝴蝶。有缘遇到本书的朋友，希望你不仅能认真把书读完，也要用心去领悟，并把书中的许多策略运用到现实生活中去。祝愿所有在痛苦中挣扎的朋友们早日康复！

一个抑郁康复者

推荐序三

找回属于你自己的“春天”

王老师找我帮他写推荐序的时候，我有些意外，因为我没有帮别人写序的经验。但我知道这本书是王老师酝酿了好久的心愿之作，也是他倾注了很多心血一字一句写成的，我可以感受到他的执着和一颗赤诚之心，所以我愿意把我的经验和感悟与大家分享。

从一个曾经的抑郁者到现在的心理咨询师，王老师的自身经历足以吸引一些人。而他对神经症心理治疗的内心探索以及丰富的临床经验则成就了全书的精彩之处。相信本书对抑郁症患者的自我疗愈将起到重要的作用。

当我深陷抑郁的时候，并不知道在我身上发生了什么。一直支撑我活下去的动力除了不忍放弃对亲人的爱，还有就是我对抑郁的憎恨。从 16 岁开始，我就有了不适症状，直到初三下半学期爆发。虽然我吃过药，也到正规的医院检查过，但心理症状却一直没有好转，只是被我不停地压抑着而已。当时在我生活的县城，没听说过心理咨询机构，大多数人还对此非常忌讳，就连我的父母，也一直拼命地帮我隐瞒“病情”。所以，我只能靠自己一步一步往前摸索。虽然我现在可以比较平静地看待与面对过往，但那时最让我难受的是我还要经常面对别人的冷嘲热讽，以及被最亲最爱的人误解……

后来，我选择了心理咨询，而不是一个人继续孤军奋战。我很庆幸自己做了这个明智的选择，让自己能够有机会重新认识发生在自己身上的一切。

王老师最初吸引我的是他的个人经历，当时我很讶异居然有一个人与我的经历有那么多相似之处，以至于有很多细节都很像。以前我一直觉得自己是一座孤岛，没有人能够真正理解我、靠近我，更别说同病相怜了。我一直心灰意冷，感觉这个世界把我抛弃了，所以看不到光明与未来。当我看到王宇老师的心理咨询讲解视频，听到他在视频中谈他个人经历的时候，我则忍不住泣不成声……

刚开始做心理咨询时，因为我的防御心理很重，所以进展得不是很顺利。但我已经把他当成了我最后的希望，所以一直坚持下来。只要有希望，我是不会放弃的，我只是恨，直到 10 年之后我才知道我患的是抑郁症，并且这是可能通过专业的心理辅助疗愈的。

王宇老师经常跟我说的话是："我只是一个'导游'，引领你去到那个叫作幸福的地方，可是你却只想依照自己的方法解决问题……"除了专业能力，最重要的是他给了我温暖的感觉，才让我渐渐卸下了心理的防御。我也曾经怀疑过他对我的肯定，但后来我终于意识到，每个人都有自己的闪光点，也许是我太久没有看到自己的价值而早已把它们遗忘。当然，在咨询的过程中，我还是会碰到很多问题，但就是在这种执着下，我走入了另一扇大门，走进了自己心灵的殿堂，并发现了真实的自己。

慢慢地，我可以接受自己了，不再只关注自己的不完美之处。在这一过程中，王老师始终如一地支持着我，我感受到了这种"爱"与父母对自己的爱是不同的。在父母的爱之下我有时会觉得很累，但在他的鼓励以及滋养下，我感受到自己的心灵在慢慢地敞开。改变的过程也许会很痛苦，但所有的付出都是值得的。因为你会发现自己真实的需要，也会因此变得更加快乐与幸福。

我发现王宇老师把我们在咨询中的很多实际感受和经验都写到了这本书里，当我懒惰或懈怠时，它会不断地鞭策和监督我，并为我以后的生命之旅指点迷津。你可能会在书中发现自己的影子，如果是这样，你没有必要害怕，须知“师傅领进门，修行在个人”的道理，只要你用心阅读，并在生活中加强练习，一定可以找回属于你自己的“春天”。总之，祝你好运！

珊珊

作者序

“抑郁的目的在于迫使你停下来弄清楚自己是谁，将走向何方。它要求你给自己定位，这虽然痛苦，却是产生转变的驱动力。”

——P. 吉尔伯特（P. Gilbert）

陷入抑郁的时候，我还无法很好地理解这句话；走出抑郁后我才发现：如果抑郁不曾流淌过我的生命，想必我永远都不会知道自己是谁，将走向何方。

陷入抑郁之中，让我感触最深的就是绝望感和隔离感。整个人好像处于孤岛之上，我走不近别人，别人也无法真正走进我的心。那时，我常出现这样一个梦境：有一天出现一个人，用一双手把我从抑郁的旋涡中解救出来，而我愿意为此满足他任何条件。但梦总归是梦，那个人，那双手，终究没有出现。一次又一次，希望变成绝望，我无数次在绝望中鼓励自己继续坚持。因为无法放弃相依为命的母亲，因为不想生命还没有绽放就结束，所以我继续在黑暗中寻找希望……

一次次的失败，让我陷入深深的绝望之中。记得那是一个冬日的下午，我漫无目的地游荡着，整个世界灰蒙蒙的一片。我像是一个即将抵达终点的旅人，麻木地看着路边的景色和继续远行的人们。时间仿佛停滞了，那些在暗夜中的挣扎与纠结，被折磨得终日无法安宁的灵魂，终于要在这一刻了结。这里，即将成为我的终点，有不舍，有无奈。于是，我吃过为自己准备的“最后的晚餐”之后猛然用啤酒灌下早已准备好的药片。终于结束了，我不用再奋力挣扎，不用再被绝望吞噬，我的内心平静了……

抑郁，让死亡离我如此之近。但也正是因为死亡的存在，才让我体会到了生命的意义在于爱与希望。正因为爱没有消融，希望没有泯灭，才让我走出抑郁，找回了真我。当处于抑郁之中时，我的眼前只有绝望。我试图让自己相信还有未来，但也仅仅是一种自我安慰罢了。我似乎只剩下在绝望中坚持的权利，但也正是这种在绝望中的坚持，才让我一点一点地看到了希望。当曙光终于穿透黑夜，我看到了因爱而萌生的动力，因希望而产生的坚持。正是爱与希望让我变得坚韧，冲破阴霾，重见蓝天！

本书从曾经的抑郁者及现在的心理咨询师两个身份与角度而写，希望能够给绝望中的你一点希望，给无助的你一点力量，能做到这一点，是我最大的欣慰。

我能够从抑郁中走出来，并完成本书的写作，离不开亲人和朋友的支持与帮助。我的母亲、已故的外婆、朋友及爱人，正是你们给我的鼓励和爱让我走到今天，让我没有放弃自己！谨以此书表达我真挚的谢意。

同时也要感谢伴我一路走来的来访者及已故的心理学家卡伦·霍妮，你们让我更加了解抑郁，也让这本书有了对抑郁深度分析的可能。衷心地希望还没有走出抑郁的朋友能够早日走出抑郁，找回真实自我。

目录

第一章

抑郁人生

第一节　内心的挣扎

抑郁是一种无形的伤，没有经历过抑郁，就永远无法真正体会其中的痛苦与无奈。表面上看，抑郁产生于特定的刺激事件，但其根源却来自日积月累的内心的矛盾与挣扎。在幻想与现实的冲突下，在无望挣扎的困境中，所有试图摆脱抑郁的努力都会变得苍白无力。

我真正陷入抑郁，应该是 15 岁读初中二年级的时候。那时恰巧父母刚刚离婚，爸爸离开了家。他们分开后，家里就剩下了我和妈妈。一个共同的“敌人”消失后，我反而觉得寂寞了很多。生活中，被我们关注的一个主题消失后，自然就会出现下一个，于是我的问题慢慢暴露了出来。

从小学开始，我就好像有了两个角色：一个强势的自己，一个懦弱的自己。那时，每天早上起来我都不想去上学，因为担心在学校受欺负。我常常有这样的幻想：我被人欺负的时候，有一群人坐着直升机来学校帮我出气。但幻想终归是幻想，现实中的我依然自卑，只盼着快些升入中学，逃离这一切。因此，我常常觉得自己是个虚伪和失败的人，在邻居家的小孩面前扮演勇敢者，在学校里却是一个可怜虫，在和别人的冲突中一次又一次失败。渐渐地，我失去了面对挑战的勇气，即使也有做得好的时候，我也没能找回对自己的信心。

初中一年级是我相对快乐的时期，也是我从小到大受到鼓励最多的一年。因为我学习还算努力，并且在慢班，学习成绩就显得比较突出；我也不再像小时候那么顽皮，而是努力在老师和同学面前表现好，也慢慢受到老师和同学的喜爱，还以几乎全票当选了班长。这让我一时间找回了一些自信和快乐，对初中的生活充满了期待。

可是，好日子没过多久，初二时，我陷入抑郁。也许是因为父亲的离开；也许是因为器重我的班主任退休了；也许是因为好朋友转学了；也许是因为学习成绩变糟了……总之，一个人若没有从内心真正接纳真实的自己，只是逼着自己表演得完美，用成功来包装自己时，这种脆弱的“自信”总会在某一天破碎。这一切，也许不是由具体事件所激发，而仅仅是时候到了而已。本就不牢固的自信开始慢慢溃散，我似乎再也找不到之前的快乐，随之而来的是更加封闭，更加自卑。

此时，我的身体也发生了一些微妙的变化，肩部的肌肉总莫名地紧绷着，放松不下来。越是如此，就越觉得自己不快乐，对学习、生活及周围的人也毫无兴趣。初一的时候我还期待上学，期待上学可以得到老师的肯定，期待和朋友们在一起玩，期待未来有一天可以勇敢地对喜欢的女孩表达爱意……但渐渐地，我发现自己做不到这一切，也不能给喜欢的人带来快乐。从此，我开始恐惧上学，因为上学只让我更加压抑。我知道，从那时开始我已经不再是原来的自己了。之前对生活和未来的梦想都变成了一种奢望，我只希望自己能考上中专学校，毕业后有份工作就行。

于是，我变成了一个彻头彻尾的“问题少年”。虽然这并非我的本意，但只有如此，才能让我感到一丝丝的安宁，也只有在沉迷于电子游戏、流连于录像厅的时候，我才能暂时忘记痛苦。老师和同学们都觉得我变了，已经不是过去那个积极向上的人了，取而代之的是一个颓废的、迷失的、令人失望的家伙。

从此，我不再生活在现实中，生活中的我就好像一个空壳。只有在幻想的世界里我才成为想成为的自己——能言善辩、受人欢迎、勇敢坚强、受所有人的尊重和肯定；而现实中的我每天的生活就好像在梦游，我不知道自己的喜好，不知道自己的方向，不知道自己的未来在哪里。现实中的一切离我越来越远，我也越来越不想投入其中，毕竟这一切和我想象中的不同……

曾经的光环离我越来越远。老师找我谈话，母亲对我失望，我还装作轻松地告诉他们："我只想成为一个普通的工人，初中毕业能上技校就可以了，所以我不需要学习好。"但这并不是我的心里话，而是一种无奈的托词。

日子就在这种内心的挣扎与纠结中一天天过去了，我的初中生活就是在这种想努力却又找不到突破口，想找回自己却又找不对方向，想证明自己却又一次一次失败中度过的。我隐约感觉自己出了问题，但又不知道问题出在哪里。我试图让别人理解我的痛苦，但没有人能够理解。关心我的人只是对我说："不要想太多，努力学习就行了。"虽然我也想这样，但却做不到。我感到有股力量在牵扯着我，让我无法安心做事情，我不知道它来自哪里。再后来，我干脆就不去解释，任由别人把我看成一个自甘堕落的人，一个只会让家人伤心的坏孩子。然而，我却依旧迷茫，周围的"坏孩子"都很快乐，可是，我的快乐呢？

第二节　滑落的青春

人生真的有太多的遗憾，过去的人和过去的事，都已经成为一种无法改变的记忆。当这一切远去，我痛恨自己在本该享受美好的时候经历了抑郁，在本该被纯真的情感滋润的时候深陷痛苦。

青春在指尖一点点地滑过，我的心在慢慢地滴血……上高中前，我还幻想着自己在一个新的环境中会有所不同，我可以从头再来，但幻想却不断在现实面前卑微地融化……

我没有考上市重点高中，而是进了县重点高中。同学有三分之二来自农村，而三分之一是我这种在城里没有考上重点高中又期望可以上好一点儿学校的学生。因为我是“城里人”，所以在刚入学时还有点小骄傲，但是这点儿可怜的优越感在几天之后就荡然无存了。我眼看着同学们一天天变得熟悉，我却因此越来越焦虑——如果大家都不熟悉，那么我的不善交往、不善言谈的弱点就不会暴露出来；可当大家都打成一片时就会凸显我的“问题”。所以我宁愿待在一个大家永远都不会熟悉的环境中，这样就可以装着和其他人没什么两样，会感觉安全一点儿。

虽然我也有朋友，但更多的时候我交朋友不是出于感情，而是出于恐惧——害怕被别人看透的恐惧。我会刻意和别人多说话，这样别人就不会发现我是一个失败、无能、不可爱的人了。哪怕和真心的朋友们在一起，我也有着沉重的心理负担，我怕他们不开心，怕我不能给他们带来快乐。每当无话可说的时候我就很焦虑，怕对方觉得我不值得交往。我非常羡慕班里那些幽默开朗，受人欢迎的人，希望自己也能变成他们的样子，如果是那样，我就不必愧疚，不必担心自己的表现和他人对我的看法了。有时，我也试着把这种心态告诉朋友，试图让他们了解——我并没有那么笨、那么无能、那么沉闷，只不过好像有东西在压着我，让我无法把我的热情和能力表现出来，不能做我认为可以成为的自己。

开学第一个月我还能投入学习，后来就越来越不能把心思放在学习上了。虽然我看起来很努力，其实却在逃避——逃避人际关系上的失败，逃避和他人相比的自卑。慢慢地，我开始觉得自己和别人之间有一层无形的隔膜，我无法走进别人的内心，别人也无法走进我的世界。但我渴望友谊，渴望爱情，我不希望我在高中像在初中那么失败，那么自卑。而我心中的“爱”像是被什么东西压住了一样，无法通过我的表情和言语表达出来。越是这样，我就越回避结交新的朋友。我不知道为何会这样，怎么变得连自己都认不得自己了。

为了摆脱与人相比的自卑感，我又开始了逃避，用来麻痹自己，不去想现在和未来。因此，我又成了网吧和录像厅的常客。好朋友找我谈心，希望我能改变，我又何尝不想改变呢？只是我不知道如何停止内心的挣扎。

后来，我终于知道自己患了抑郁症。一天，学校发了一本心理健康教育手册，我仔细看了其中的内容，关于抑郁症的诊断和表现的章节突然让我眼前一亮，上面写的绝望感、对生活不感兴趣、躯体的紧张等，几乎和我一模一样。我的心里燃起了康复的希望，但 90 年代末的东北小城，哪里有心理咨询机构呢？我能到哪里去治疗呢？刚刚燃起的希望又变成了失望，那时信息不发达，我不知道向哪里求助，也许省会或首都会有相关的机构吧。家人能不能支持我也是一个未知数。

因为生活上的失败，情绪上的低落，我逐渐养成了一些坏习惯作为逃避的手段和麻痹自己的方式。这种逃避方式就像一个旋涡，越逃避，就越恐惧；越逃避，就越自卑。几乎所有的逃避手段到后来都成了“新的问题”，让我无法承受，就像陷入沼泽之中，越挣扎反而陷得越深。

第三节 为什么会是我

终于知道自己怎么了，终于知道自己为何和别人不一样了，但为什么会是我而不是别人？

为什么我会患上这该死的抑郁症？难道和我的家庭有关？难道和我的性格有关？难道和我懦弱可欺有关？难道和我不善社交有关？难道和我的父亲没有给我树立一个很好的榜样有关？……我想了各种可能性，又好像都不对。为了探究根源，我开始反思自己的成长经历。

一觉醒来，我朦胧中看到妈妈正在对着镜子梳头，她脸色惨白，刚和爸爸打过架。我太小了，并不理解他们为何打架，妈妈又为何不停地哭泣。我很害怕，怕妈妈会离开家再也不回来、不要我了。看着她哀怨地在镜前梳头，我感觉她像个鬼魂：一个受尽折磨，对生活没有一丝期待的空壳。我蜷缩在被子里装睡，故意视而不见……

我的童年就是在这种基调下度过的。后来我也加入了他们的“战争”——帮着妈妈打爸爸，帮着妈妈监督爸爸。爸爸欺负妈妈时，我很生气，幻想长大后如何保护妈妈，这样她就不会受欺负了。

也许是麻木了，也许是年龄太小了，虽然在“战火”中长大，我却不觉得痛苦，只是无奈经常半夜被他们吵醒，只能跑出去找爷爷奶奶来调解。每次父母打完架，妈妈总会告诉我，她要离婚。我真的希望他们离婚，这样他们就可以不再吵架，不再相互折磨了。

小时候，我是妈妈的小跟班儿，因为爸爸喜欢玩，经常不着家，妈妈就常骑着自行车，带着我去找爸爸。爸爸为了出去玩，会和妈妈撒谎说去同事家或加班，但我们每次都能在舞厅找到他，他们的“战争”就会在舞厅爆发。我像个卫兵一样守在舞厅门口，看着他们一边打一边走出来。“你不是说加班吗？”妈妈质问爸爸。“胖子（妈妈乳名），你怎么能打她呀，我们才刚认识。”爸爸说。这样的对话我不知道听到过多少次，都已经让我麻木了，我知道爸爸又在撒谎。

虽然爸爸无数次向我们保证会好好爱这个家、对这个家负责。我也一次又一次地相信了他流着泪做的保证，但却一次又一次地对他失望，最后我不再对他抱有什么希望了。他和妈妈打架的时候，我总是站在妈妈这边，妈妈伤心哭泣的时候，我也暗下决心：长大后一定不能让妈妈再难过流泪。

撒谎、侦查、打架、离婚、和好……这些成了我童年生活感受到的主旋律，但那时我整天想着玩，也不觉得可怕，只是可怜我的妈妈，嫁给了一个这样的人。七岁那年我们搬了家，不和爷爷住在一个院子了，但生活的“剧情”没有任何改变，他们依然会半夜打架。每当这时我就会去找邻居帮忙，爸爸会一个人跑出去，妈妈则坐在炕上哭。好心的邻居会安慰妈妈，我不知所措地看着可怜的妈妈，不知道该怎么做才能让她不再哭泣。

虽然家庭关系比较紧张和混乱，但我生活得还好，因为有妈妈的悉心照料，我和其他孩子一样，吃得饱，穿得暖。其实，我不怕他们打架，最怕的是妈妈不要我了，如果是那样，我真不知道该怎么生活下去。爸爸说就算妈妈离开，他也能照顾我，我不知道他这话是真还是假，就当耳旁风了。

那时我总是幻想长大，到时就可以不必做那么多作业，并且可以保护母亲，不让父亲再伤害她。当我慢慢地长大，才发现一切和我想象的不同。

第四节　我在干什么

高二的第一个月，我几乎是在网吧和录像厅度过的。因为花销很大，一个月的生活费几天就花掉了。我在县里玩得不过瘾，干脆回到了市里玩。当钱快花光的时候，我来到影院门口的大排档，一个人坐在凳子上看着窗外闪烁的霓虹灯和窗前匆匆而过的行人，不禁轻轻地问了自己一句：我在干什么？

我在干什么！这就是我想要的人生吗？逃避真的能解决我的问题吗？虽然我离开了人群，暂时逃离了自己的失败，但我真的逃离了吗？为何我依然笑不出来，依然看不到希望，依然无法走近别人，而别人也无法走近我？我还在这里，抑郁依然在控制着我，逃避无法解决根本问题。既然逃避无法让我好起来，离开学校会不会好一点儿？就算不好，也不用继续浪费家里的钱了。如果真的要结束这失败与无意义的人生，我总可以先挣一些钱，给母亲买一套房子，也算我尽了最后的孝道吧！

这次逃学后，我没有像往常一样回学校，而是直接去了外婆家。我要结束这没有希望、混沌度日的生活。也许有了工作，我可以重新开始。

可能是我逃学太多的缘故，到了外婆家，外婆和外公并不惊讶。听到我回来的消息，妈妈急匆匆从单位赶了过来。我和她说了我的想法，她略带失望地对我说："你好好想想再决定吧！"妈妈没有表现出痛苦，我想她心里一定很难过，因为婚姻的失败，她几乎把全部的希望都寄托在我的身上，现在一切都变成了泡影，这对她来说无疑是一个不小的打击。

外婆家楼下是一个小公园，里面长满了笔直的大树，树下几乎没有任何植物，只有一层细沙。孩子们经常在这里玩耍，还有的人绑上吊床来休息。这些树木足可以把阳光遮挡住，即使在最炎热的夏季，太阳光也照不进来。母亲让我自己做决定，我就独自来到了这个小公园。这片空地让我想起小时候玩耍的情景，那时我经常在这片长满高高树木的空地上挖坑，然后用树枝盖上，再在上面铺上一层浮土，一个陷阱就做好了，之后就等着看掉到坑里的人的倒霉样儿。而现在，我却落入了自己挖的"陷阱"中无法自拔。

走在熟悉的小路上，看着从幼儿园起就熟悉的大树，它们好像没有丝毫变化，依然挺拔秀美，但当年的我却改变了太多，连自己都认不出了。我思考着未来，不知道退学的决定对我来说是否正确，也不知道以后我会不会为今天的决定后悔。但既然向前走不通，我只能退一步，看看结果会如何。

第五节　困兽之斗

我整个人犹如困兽一般，想走出抑郁，却无法突围，不知道该如何挣脱这无形的枷锁。

我该怎么办？谁能救我？在无数个黑夜里，在无数的梦境中，我不断地思索，不断地期待奇迹发生。有时，看着镜子中的自己，陌生的自己，我不知道如何是好。你是谁？你想把我怎么样？你想把我带到哪里？你折磨得我还不够吗？镜子中的人没有回答，他只是注视着我，我对他越仇恨，他看我的眼神就越哀怨……当刀片与烟头在身体上留下痕迹的时候，我依然会疼痛，这是为什么？为何我与一个陌生人共享这个身体？这不是我，这真的不是我，真正的我是乐观的，是开朗的，是积极向上的，是受人欢迎的！但我到哪里去了，怎么取而代之的是这样一个麻木、愁眉不展、一无是处的家伙。

从陷入抑郁的那一天开始，我就试图冲出重围，但屡战屡败。我试着让自己开朗和热情，但这种刻意的努力仅仅让我在几天的时间里感觉好像找回了自信。当我的“刻意”在现实面前不断融化时，我知道自己又回到了原点。我也试着多交朋友，主动对他人示好，但这种“被逼”的努力，几天后就荡然无存了。

也有那么几次，抑郁好像被我战胜了，之后我就好像有说不完的话，思维也变得敏捷了，就好像通往快乐和自信的门突然被打开。这时，我可以做自己想做的事，说自己想说的话，完全没有任何障碍。我因此变得很兴奋，尽情地享受每一分、每一秒，因为真正的我终于回来了。可好景不长，几小时后这扇门又被关闭了，我又陷入了无尽的黑暗中……越是这样，我越无法平静，越无法面对现实中这个无能、蠢笨、消沉的自己。

突围、闪光、暗淡、绝望，我就被这种轮回束缚着、折磨着、撕裂着……我的未来在哪里？我的希望在何方？谁能告诉我！无数次大声呼喊换来的只有死一般的寂静，没有任何反馈，没有一点曙光。

我刚退学时正赶上乡下发大水，大姨家的稻田被冲毁了。我一来为了帮大姨的忙，二来为了放松心情，消解退学带来的茫然，所以自愿去大姨家帮忙，这一干就是两个月。

在乡下，我很少会关注到自己的情绪，一心期待早点儿干完当天的活儿。那些天几乎天不亮就要起床，一直要干到天黑，几天后，我手上长满了水泡。邻居们夸我能干，一些亲戚还建议我以后在乡下生活算了，娶个老婆、种地、放牛，不比城里挣得少。我也动过心，但我知道，就算留在农村，逃离了城市的喧嚣，也仅仅是另一种形式的逃避而已，如果“心魔”没有离开，我永远无法找回内心的宁静。

乡下的生活虽然辛苦，却不用想明天该干什么；我虽然抑郁，却被繁重的农活压得没有太多时间忧郁。起初，回到城里的我一下子感到轻松许多，但没过几天，一直隐匿起来的消沉与绝望又找到了我。因为没有信心去找工作，也不知道自己到底可以干什么，我闲在家里，直到受不了外婆的唠叨，才赌气出去找工作。没有学历和技能的我在街上游荡，不知道到哪里去找工作，找什么工作。一天，我终于鼓起勇气到酒吧询问是否用人，但因为戴眼镜的原因（那时服务类工作不喜欢聘用戴眼镜的人），并且不自信，接连去了两个酒吧都被拒绝了。我没有放弃的权利，只能不停地找，不知道是否可以成功，是否可以做下来，是否可以被周围的人接受。

在这种固执的坚持下，我终于找到了一份火锅店传菜员的工作。工作时间是从早九点到晚九点，供两顿饭，薪酬每月三百元。虽说是传菜员，其实什么都要干，早上没有客人时要在厨房择菜及准备餐具，基本工作完成后要站在大厅等待客人的来临，有客人来时要大声说："欢迎光临"（因为难为情，很多时候我仅仅是动动嘴而已）。之后我的工作就是把指定的菜送到客人的餐桌上，一开始我总是紧张得送错位置，常被领班斥责。客人走后我还要收拾桌子，之后回到厨房刷碗。唯一可以休息的时间段是下午两点到晚上五点之间，因为是中饭和晚饭的空隙，一般不会有客人来。就算是休息，我也放松不下来，还在担心晚上的工作是否可以支撑下来。

除了工作的压力，我还有心理的问题，总感觉大脑不够用，整个人显得反应很慢，所以我在那里也不受人欢迎。在身体和心理的双重压力下，我过得很艰难，每天愁眉不展，不知道这种日子什么时候是尽头。我突然很怀念上学的时候，虽然那时也不开心，不过还算自由，累了可以不听课，心情不好也可以不说话。在这里不同，要想不丢工作，就得坚持干活，不想说话也得和客人及同事打交道。没人会在乎你心情如何，也不会有人主动和你谈心，别人只关心安排给你的工作你是否干得利索。整日的工作状态就像梦游一般，我不敢相信这就是自己的生活，而且未来的生活也将是如此。

这份工作的试用期是三个月，一开始我还信誓旦旦地对自己说一定要干满一年，这样也算干成了一件事，算是适应了社会。但现实中的每一天对我来说都是煎熬，我不知道自己还能坚持多久。

几天后，店里又来了一个新同事，他很机灵，也很会说话，很快就和周围的人打成了一片。他来了之后我更加自卑了，以前我还可以用“我是新人”来安慰自己，自从他来之后我就更加肯定自己无能。一些我认为很难的事情，他都能很容易地上手，和他比起来我简直笨得要死。也许是因为从小就没有干过活儿，也许是因为自卑而过于紧张，虽然我很想把第一份工作做好，但这个目标对我来说就像一个很遥远的梦。

我痛苦地坚持着。可是几天后的一个意外，让我这个可怜的梦想也破灭了。那天，我像往常一样工作，不知道做错了什么，一个总在背后说我坏话的同事又开始说我做错了事情，而且嘴里很不干净，我认为自己没有做错，就和他吵了起来，还差点儿动手，他看我真的生气了就没有再说什么。当天晚上我就被后厨主管告知以后不用再来上班了，我的师傅也失望地对我摇了摇头。虽然失去工作让我更加失落和自责，却也有一种解脱感——终于不用在这里受气煎熬了。

当晚回家时下雪了，看着雪花纷纷落下，我心里一酸，竟流下泪来，我感觉对不起妈妈，学习学不好，连一份简单的工作都做不好。我真的怀疑自己还能做点什么，是否可以独立生存。

第六节　“最后的晚餐”

在青春年少的岁月，我不断地思索活着的意义，人为何而活？死了会如何？我死了会有人为我哭泣吗？如果再给我一次机会，相信我会珍惜每一天！真的希望这一切是“天将降大任”的考验，但何时才是了结？

与抑郁的抗争已经到了第三个年头，我看不到希望，虽然一直是希望在支撑着我。我不能绝望，但绝望却不断地把我吞噬。我似乎再也找不到在黑暗中继续前行的理由，不知道这样的屈辱与痛苦还要几个三年才能了结，我看不到未来。

都是因为抑郁。因为抑郁，我不能和别人一样正常地生活；因为抑郁，我不能拥有友谊和爱情；因为抑郁，我无数次经历失败的折磨；因为抑郁，我做不到自己所期望的自己，而且还要经历本不该我这个年纪承受的绝望与痛苦。如果没有抑郁，一切都将会不同。每失败一次，我对抑郁的仇恨就增加了一分，想挣脱它的欲望就更强烈，但无法挣脱的束缚感让我变得绝望，真的希望有一天抑郁能离我而去……

我已与绝望战斗了太久，对于希望，我不再奢望！我渴望结束这一切，我已无力再挣扎，再抗争。

那时已经快过年了，走在落满雪的道路上，看着路边叫卖的商贩及熙攘的人群，觉得这一切离我好远，虽然身处其中，但我和他人好像处于完全不同的世界，真的很羡慕普通人的普通的快乐，他人轻易可以得到的幸福在我的世界中却都是奢求。

我回到家已经是下午。妈妈不在家，我着手准备起“最后的晚餐”——为自己准备了两瓶啤酒，很苦；为自己煮了一些虾，很难吃。我流着泪，思考着自己的抑郁，思考着自己的绝望，思考着自己的人生，思考着没有了我，妈妈将如何！想着，想着，竟落下泪来，流吧，最后一次了。梦中的那个人与那双手在我即将结束生命的时候都没有出现。在平静的悲哀中，我渐渐没有了知觉……

第七节 牵挂的力量

不知道过了多久，我睁开了眼睛，发现妈妈就在身边，她什么也没有说，只是关切地望着我。我问她怎么了，她说我在医院洗过胃后，已经睡了一天一夜。但这一切我一点印象也没有。我有点不好意思地看着妈妈，我没办法向她解释发生的一切。

虽然发誓不再做傻事，但轻生的念头始终没有离开过我，我知道自己在不停地克制与压抑。每当绝望袭来，我无力与抑郁抗争时，就不停地提醒自己：为了母亲，我不能放弃；而当我对自己的表现不满时，当遇到喜欢的人却无法表达出我的情感时，当发现别人很容易做到的事情自己却无论怎么努力都做不到时，我还是会觉得自己很失败、很无能，轻生的念头就又一次占了上风……

后来，我拿着打工挣的150元钱开始了“终结之旅”。

旅途中，车上有几个退伍军人和我邻座，他们问我的目的地，我说去大连玩玩，还表现出兴奋的样子，我不想让他们发现我真实的想法。我真的很羡慕他们，他们讲起当兵时的经历，谈起了对未来生活的憧憬，我想到自己，心里不禁一阵酸楚，别人对未来充满了希望，而我却只有绝望相随。

到大连时是早上5点多，吃过早餐，我漫无目的地在车站附近游荡，欣赏着大连的景色，没走多远就累得不行。我本想直接打车去海边，之后在大海中结束生命，却被景色吸引，心想如果在老家，一辈子也看不到这些。无意间我看到了一个大大的广告牌，上面写着“心理咨询”几个大字，还有服务电话，就好像是上天安排好的一样，我几乎不敢相信自己的眼睛。

因为太累了，我索性进了车站附近的录像厅休息。影片很无趣，我无事可做，也耐着性子看下去。一个镜头映入了我的眼帘，让我不禁哭泣了起来：一个女人抱着一个被人打死的男人，不停地哭，不停地哭……她哭得让我很不舒服，我突然想到妈妈得知我离开的消息时也会如此不停地哭，不停地哭。妈妈，我的妈妈，我再也抑制不住泪水，不知不觉地痛哭了起来。不，不能这样，不能让妈妈哭泣，不能让妈妈因为我而再次受到伤害，不能让妈妈像电影中的那个女人一样，绝不能。

从录像厅出来已经是下午，心中好像有股力量在支撑着我，我不再像之前那么怯懦与萎靡。我的眼睛里含着泪，心中有股力量升起，虽然我知道痛苦还没有结束，但我希望这是一个新的开始。

我鼓起了勇气，在电话亭拨打了广告牌上的心理咨询电话，也顾不上身边有很多等待打电话的人对我有看法，对着电话那头说起了自己的情况。电话那头是说标准普通话的中年男性的声音，他简单地告诉我要多运动，要多和人接触。虽然他讲的我都知道，但他是专业人士，他讲的话让我如获至宝一般，眼前又燃起了希望的火苗。

如果我坚持下去，即便是痛苦的、抑郁的、绝望的，总还会有一个人因为我的存在而快乐，那就是我的母亲。所以，即使人生是痛苦的，活着对我而言依然有意义，它可以换来妈妈的快乐与幸福。我本来准备用身上剩下的 50 元钱打车去海边，看了录像后，我想起了妈妈，给家里打电话报了平安。是外公接的电话，他告诉我家人正在为我担心，没事就好，快点儿回来。我就用剩下的钱买了一张返程的车票。

我得好好活着，因为有爱让我牵挂！

第八节　因为有爱

那次旅行让我醒悟，痛苦的人生也蕴含着活着的意义。我活着，即使自己承受无尽的痛苦，起码可以让我的母亲免受失去儿子的痛苦。虽然她的儿子没有成就，但最起码她还有一个儿子，她还不是一无所有。

从大连回来后，我就再没有过轻生的行为，因为痛苦不能再把我打倒，我已经找到了必须承受这份痛苦的理由。虽然绝望，但在绝望中我还是努力看到了一丝希望，那就是不管怎样，妈妈就是我最大的牵挂。我一定不能让妈妈在痛苦中度过余生，即使我用一生独自承担抑郁和绝望。

这一切的转变都只发生在当我要结束生命的那一刻，只有在离死亡如此之近的时候，我才发现生命中什么对我最重要，不是痛苦，不是绝望，而是爱！为了爱，我甘愿痛苦；为了爱，我敢于直面绝望。

外婆教育我的时候常说：“人，做一件好事容易，难的是做一辈子的好事。”现在回想起来，我想对她说的是：“人，爱一个人一时容易，难的是用一辈子的时间去爱一个人。”而我却幸运地得到了外婆和母亲这样的爱。

如果不是因为爱，我不会走到今天，如果不是因为爱，生命对我而言早就不再有任何意义，我也就不会在绝望中继续前行。

我又一次振作了起来，又一次把为母亲而活当成了生存的理由，但这次比以往都更加坚定。

为了多挣些钱，我从大连回来后做起了人力车的生意。以前因为碍着面子不好意思做，现在我已经不顾虑那么多了。

第一次上路是晚上 8 点左右，一开始还真有点儿不习惯，以前没有骑过“倒骑驴”，有些不顺手，尤其是掌握方向的时候，因为车斗在前面，转弯时比较累手臂。那天晚上我 10 点多就回家了，虽然只干了两个多小时，还是挣了 8 元钱。回到家时我很兴奋，就像一个打了胜仗的将军，看着妈妈数钱的样子，我心里有说不出的高兴，这么多年总算做了一件让母亲高兴的事。

虽然这不是一份体面的工作，但外婆总是对我说：“没偷没抢，靠自己的努力挣钱，很光荣。”每次蹬着人力车路过外婆家，外婆也总是很高兴地和周围的邻居说我是她的外孙子，周围的老人夸奖我这么年轻就能吃苦，外婆会抿着嘴笑，我知道她是在为我高兴，是在为我能够做“正事”而自豪。那时外婆也总会拿我和一些待在家里的“啃老族”或上了大学也没有找到工作的人比，并认真地对我说：“你比他们强多了。”就好像我给她争了光。虽然我当时并不认为自己真的行，但外婆这么说的时候我心里还是很高兴。很多年没有听到这样的鼓励了，这些年我让家人操碎了心，当我通过努力取得一点点成绩时，家人都为我而自豪，丝毫没有觉得我做着这么不起眼儿的工作是让他们丢脸了。

这座小城是我的家乡，我本以为对它已经了如指掌，直到干上这一行才发现自己不知道的地方太多了，有时是知道某个地方但叫不上名字，有时是一些地方我根本就没听说过，我也因此干过不少冤枉活。过了两个月的金秋期，慢慢进入了冬季。东北的冬天来得早，而且特别冷，生意也受到了一些影响，不过每个月挣六百元总是可以保证的。舅舅还特地在沈阳给我买了一双铁路工人穿的那种翻毛皮靴子，很保暖，再穿上厚厚的羽绒服，戴上妈妈为我织的帽子，就可以在零下二十几度的天气中坚持一天了。实在太冷的时候我就不停地跺脚，和周围一起等活的人聊聊天。在外面没有人把你当孩子看，虽然他们的年纪比我大很多。

我几乎是这行最年轻的从业者，经常会被别人投来异样的目光。我的乘客常会问我："这么年轻怎么做这个呢？"很多时候我都不知道该怎么回答，毕竟我不是因为家里穷，而是因为心理出了问题才放弃了学业。但在那个年代，在家乡那样的小城又有谁能理解，有谁能听得懂呢？有一次，我的车上带了三个人，其中一个人问了我这个问题，我还没来得及回答，车上的另一位中年妇女就严肃地说："现在干这个，是为了以后不干这个。"问的那个人没有再说什么。现在我已经记不起那位乘客的模样，从她的话里我听出了尊重和鼓励，她并没有因为我的工作而看不起我，反而因为我可以从最简单的工作做起而对我的未来寄予了希望。也许那是她不经意间说出的一句话，但这句话在之后的日子里一直激励着我：现在干这个，是为了以后不干这个。我也很希望会像她说的一样，只是不确定自己是否可以做到。在最低谷的时候，收到的来自他人的尊重和鼓励，哪怕只有一点点，也会刻骨铭心。

现在想来，那份工作我可以做得久一点儿，也许是因为不用与人深入打交道，没有同事，只有客人，所以我不必在乎自己的表现，也不必在乎别人如何看我，毕竟都是萍水相逢。我不怕辛苦，只怕看到别人可以谈笑风生，自如地和他人亲近，而我什么都做不了。就算什么时候我在人前表现得还好，也总怕别人发现我的不好，怕别人和我相处得久了，发现我的沉闷、无能及失败。我不敢靠近别人，只有在不得不与人接触时才会和人来往。一次在街上我看到了好朋友王海峰，看着他和同学一起去上学，顿时就觉得他好幸福，而我连和他打招呼的勇气都没有。我不能让朋友快乐，也许和别人在一起他会更快乐。想到这里，我的情绪就变得更加低落了。

时间过得很快，一晃又是一年。后来，我进了妈妈所在的工厂做起了临时工。那时我内心短暂的平静来自平淡的生活。平淡的生活会让我少遇到一些事、一些人，内心很少起波澜，能让我暂时忘却痛苦与无奈。友谊与爱情是我期待的，同时也是我恐惧的。我无法去爱别人，不知道如何才能让他人感受到我的爱，似乎我传递爱与接受爱的“器官”出了问题，每每感受到别人对我的爱，或想去爱某个人时，我就会变得焦躁，容易自责，感到绝望。我不断地试图修复这种与他人情感联结的能力，又总是以失败告终。

现在想来，一个连自己都不爱，都看不起自己，以逃避来解决问题的人；一个过于在意别人态度，不敢面对失败、否定、挫折，不相信自己是值得爱的人；一个只会自怨自叹，不敢勇敢追求的人，怎么会、怎么能被他人所爱，和他人建立情感上的联结呢？

第九节　渐见光明

就这样，我继续在绝望的煎熬中前行，不知道自己会走到哪里。除了坚持我别无选择，绝望中的坚持只为了我爱的人能够幸福，痛苦也就成了生活中的一部分。我依然没有放弃“走出来”的希望，虽然这种希望，连自己看来都是一种自欺，但我只能对自己说：“也许有一天会好起来的！”

“也许有一天会好起来的！”，这个遥远的希望不知道伴随了我多少个日日夜夜。有时这句话缥缈得像露珠一样，阳光一出来就很快消失。那时我怕阳光，阳光意味着一天的开始，而我又要经历内心的折磨，绝望的煎熬。夜里，虽然黑暗，却可以静静地思考，独自舔舐白天留下的伤口。

终于有一天，我看到了曙光。那一年，我刚好离开学校两年整。

一次偶然的机会，我看了一期访谈节目《天之骄子，为何自杀》，主持人是马东。他的访谈对象是两位自杀未遂的北京大学的学生，他们自杀的原因都是抑郁。记得其中一位女学生自杀未遂的经历是这样的：她因为抑郁想轻生，想到没有去过泰山，就想在泰山结束自己的生命。但到了泰山她只剩下 40 元，当年泰山的门票是 60 元，当工作人员得知她来泰山的原因后，把她送回了学校。后来她经过了 3 个月的治疗而康复，就大胆地走上电视，呼吁全社会关注心理问题。

看了这个节目，我很激动，终于等到这一天，知道了北京可以治疗抑郁症，而且只要 3 个月就能康复。为了得到那两位嘉宾的更多信息，我记下了栏目组的联系方式，给栏目组写了信，希望他们能够告知我那两位嘉宾在哪里做的治疗，但信写出去，一直没有收到回信。

虽然栏目组没有给我回信，但这两位学生是北大的，如果我到北大找到他们，问问他们是在哪里治疗的，也许我还有希望。于是母亲随我去了北大。

走在北大的校园里，看着那些散步的学生，坐在草地上的情侣，我不禁有些伤感——这样的幸福我什么时候才能找到呢？我想起我的同学都在备战高考，想必过一段时间他们也会走进大学校园开始新的生活，他们在为自己的前途努力，我却在与自己抗争，这是何等的不公！

走了一会儿，我开始向周围的学生打听那两个上过电视节目的同学，因为忘记了他们的名字，没有人知道我要找的人。在北大，不知道名字和系别，仅仅通过是否上过电视这条线索来找人简直是大海捞针。后来一些好心的同学告诉我，可以到北大校医院去看看，也许能找到新的线索。

到了北大校医院，我们简单和大夫说明了来意，他以为我想在这里治疗，告诉我床铺已经满了，只能到北大六院（北京大学第六医院）去看看是否可以治疗。虽然依然没有找到我想找的人，也没有得到我希望的治疗，但能得到这样一条信息，也算不虚此行。

北大六院是一所专门治疗精神类疾病的医院。就诊的患者非常多，可以听到全国各地不同的口音，这坚定了我治愈的信心。

那里有很多和我一样的患者，母亲和一些同样带着孩子治疗的人聊起天来。这一聊却让我担心了起来。同样来北京治疗的一对母子，老家在内蒙古自治区，已经来了快一个月了。我了解到，这种病不是接受一次治疗就能好的，需要定期来，他们母子在北京租了一个地下室，每个月四百五十元，加上治疗和吃饭等费用一个月就要花费一两千元，省吃俭用才够。这次来北京我们总共带了一千元，非常担心用这点钱能否把病治好，如果待在北京治疗，不知道以后的生活会怎样，也不知道结果如何。

挂号的时候我才知道，预约咨询分为普通号和专家号两种，因为来就诊的人太多，当天的专家号已经预约完，只能预约普通号。想到千里迢迢来到北京，我还病得这么严重（我这么认为），当然要找最好的大夫了，所以我决定预约次日的专家号，母亲也只好听从我的意见。

忙完这些事情后，天黑了，我们要找住的地方了。大宾馆我们不敢问，在小胡同里找到了一家小宾馆，标间 50 元，我们嫌贵，而且小宾馆也没有空余的客房，最后只能在离六院不远的三院候诊长椅上睡了一夜。因为旅途的劳累，我很快就睡着了。第二天醒来，发现妈妈早就起了，她告诉我，她一夜都没有睡。我心里又是一阵酸，我都这么大了还让她为了给我看病跟着我东奔西跑。我把希望都寄托在当天的治疗上，希望在中国最好的地方、最好的医院，治好我的病，这样总归没有白费妈妈对我的爱和一片苦心。

等待的过程也是一种幸福，就好像期待已久的幸福之门即将向我敞开。在医院里我的情绪平静了许多，对治疗充满了希望。专家一般出诊一上午，只预约六位患者，前面几位患者治疗的时间不长，很快就轮到我了。我走进那扇门的时候心情很复杂，激动、希望、倾诉的欲望混杂到了一起，不知道这扇诊疗室的门里等待我的是什么，是否会像梦中一样：一个人，一双手，带我走出阴霾，重获新生？

大夫是一位看起来五六十岁的老太太，她的对面坐着三四个年轻人，也许是来学习的年轻大夫或研究生吧。虽然诊室里还有“旁观者”，我不情愿当着这么多人的面讲起自己的“故事”，但为了治疗已经顾不了那么多了。看到大夫宽大的办公桌侧面的木凳子是空的，我就坐了下来，大夫并没有看我，只是低着头拿着笔说道：“能谈谈你的情况吗？”

我的情况，终于等到有人问我的情况了，我把事先准备好的病情陈述（我把病情写在了几页纸上，怕在关键的时候忘记）拿了出来，尽量抑制自己的激动读了起来。从头到尾，详实地描述了我当时的心态。读的时候只是奇怪，大夫从开始到最后都没有抬头看我一眼，周围的学生倒是在关注着我，倾听着我的病情。当时我感觉自己像试验台上的小白鼠被一群人观摩。

大概不到二十分钟，我终于结束了自己的“长篇大论”，抬头看了一眼大夫，她依然在记录我刚刚说的内容，没有看我一眼。我等待她和我说点什么，哪怕是一点同情的话也好，但她只是淡然地说了一句：“你可以出去了，让你母亲进来。”

她的淡然让我茫然，我不知道这种淡然是治疗的一部分，还是一种冷漠。出了诊疗室的门，我的心情从高峰跌入了低谷，猜测着她和母亲谈完是否还会和我谈一会儿或有什么后续的治疗。

我母亲从诊疗室出来后，我问她大夫问了什么或说了什么，她也没说出个所以然。最后护士带着我去做了一个心理测试。我认真地答完题目，又和母亲共同走进诊室。这回大夫终于和我说话了，她说我得的是轻度抑郁症（当时我很怀疑这个诊断，如果我算轻度，不知道重度是什么情形），并给我开了些药，还告诉我们以后不用来北京，去长春的精神科医院就行。

也许是期望太高，我充满希望地来到北京最好的精神疾病治疗中心，却得到“以后不用来了，去长春就行了”的建议。除了药物，我一无所获，难道这就是治疗？这就是专家水平？我对治疗有些绝望，还把这种绝望的情绪发泄到了母亲身上。出了医院的门，和母亲走在陌生的马路上，我对母亲发起脾气，我不想就这样回去，就这样结束千里迢迢的求医之旅，不想再次陷入绝望之中。之前在绝望中，是治疗给了我希望，但这次治疗的结果却让我更加绝望。

妈妈去取药的时候，我在医院一楼发现了一个卖心理书籍的小窗口，并找到了一本有关抑郁的书，名字叫《走出抑郁》，是一位英国的心理医生写的。带着几盒药物和这本书，我和母亲坐上了回家的火车。

虽然治疗让我失望，但药物和这本书却是绝望中的那一点光。它们也许会有用，也许我真的会好起来，真的希望这也是一个新的人生的开始……

第十节 新的生活

从北京带回的药是一个月的量，从开始对药物充满希望，到一个月后的失望，奇迹并没有在药物的作用下发生，我的情绪没有真正好转，与世隔绝的感觉没有消除，自卑与自我否定依然存在，一切如故。我放弃了药物治疗。

生活还在继续，抑郁也如影随形，但我有了对抗抑郁的指导书。一开始没有太大的改善，有时也会怀疑自己是否真的可以通过一本书走出来，但我只能按照书上说的方法坚持做下去。

从北京回来后，我的生活慢慢变得“奇怪”起来。书上说运动可以缓解抑郁，我便开始了长跑。我有时会在早上五点到马路上去跑，有时到我家附近的体育场去跑。虽然很累，但为了治疗，再苦再累我都不怕。和绝望及无助比起来，“累”真的不值一提。体育场有时会有人踢足球，跑完后我也会和他们踢一会儿球。和他们在一起，我还是很自卑，不知道该说什么，不知道怎么和他们成为朋友，但我在坚持，我知道不能再回避人群、回避生活，只有投入生活，才能找到新的希望和可能。

《走出抑郁》谈到，要走出抑郁，就要积极起来，做一些能让自己感到哪怕一丝丝快乐的事情，不要因为体验不到快乐而逃避生活，即使只能体验到一点点快乐也值得，因为快乐就像储蓄，需要积累，而不是突然变得快乐；其次要从小的进步中鼓励自己，而不是期望自己一下子取得很大的成功才肯定自己。过去的我总是沉溺于自己的不快乐之中，却从没有为了让自己快乐做过什么，而快乐就像储蓄，就算没有达到自己期望的，就算不快乐的感觉在短期内没有因为我的努力而好转，但“不积跬步，无以至千里”。

“要从隐藏的地方走出去，而不是一个人自怨自叹！”是呀，我把自己隐藏和封闭了太久，和过去的朋友都失去了联系，我真的想他们，真的希望再和他们做朋友，真的想和别人一样可以有自己的朋友和爱人，而不是躲在角落里流泪。

“笑，全世界都对着你笑，哭，只有你一个人向隅而泣！”是呀，为何不走出去呢？为何继续因为自己的内向和不善言辞而自我贬低呢？为何继续把自己当成一个失败者和可怜虫呢？虽然努力可能会失败，但是不努力却注定失败。既然我向往正常人的生活，那么我为何不能像正常人那样活着呢？

一个月后，我终于鼓起了勇气，敲开了我好朋友王海峰家的门。我记得有一年的元宵节，他遇到最落魄的我，还和我合影留念，这张照片依然在我的影集里。也许他不会排斥我，不会贬低我，依然把我当成朋友看。

他的家离我外婆家仅有一站地，我却五年不敢和他再联系，在街上遇到他时也躲着他，我怕他看不起我，或者说，一个连自己都看不起自己的人，又怎能期待别人看得起呢？

“有时成功的关键在于，尽管前景不容乐观，但我们仍不放弃努力！”在这句话的鼓励下，我终于鼓起勇气敲开了他家的门。之前怕他不在家，还担心他已经不记得我，担心长时间不联络他，他会对我冷淡，但这一切都没有发生。他看见我就叫道：“风剑（我原来的名字），你跑哪儿去了？这么多年怎么找不到你了呢？”我低着头说了句：“一言难尽，我慢慢和你说。”

他比小时候帅气了很多，见到我好像有说不完的话。我有些愧疚，因为我的病，竟这么多年忽视、回避了我的朋友，而他还把我记挂在心里。

我简单和他谈起这些年我为何“失踪”，他闪烁着大眼睛听着我的故事，我在他的目光中感觉到了他的迷惑。毕竟，那时抑郁、心理障碍，并不为大众所知。我并不期待他能理解我，只期待他的原谅，原谅我这么多年的“失踪”，原谅我一直把他“忘记”，我想让他明白，这一切并不是我的本意，而是出于无奈。我告诉他，我刚从北京回来，正在治疗，现在的我已经和过去不同，一切都会好起来的，我们还会是最好的朋友，虽然我们的友谊中断了 5 年。

我迈出了第一步。虽然失败感及无能感依然伴随着我，和别人在一起时我依然觉得自己不如人，但不管怎样，我总算开始和他人接触和接近了，不再那么孤独和封闭。虽然我依然在人前表现得有些拘谨和不自信，但和过去不敢和人接触相比强了不知多少倍。

我学会了为自己小的进步而鼓励自己，而不是一味地挑剔自己的毛病和不足。也许我陷入抑郁就是因为过于挑剔自己和贬低自己，看不到自己的努力和进步吧。我总是把现实中的自己和想象中的自己比较，没有接受现实中的自己，没有发现那个想象中的自己其实不存在，还一味用理想中的标准苛责现实中的自己。感悟到这一点，我轻松了很多。

因为要做“思维记录”和“信息卡”（一种认知疗法的治疗技术，主要是为了改变自我否定思维），所以我经常随身携带一个红色的笔记本，上面记录着我每天的情绪波动、影响我情绪的事情以及我当时的想法，便于我评估这些想法的正确与否，而不是全盘否定自己。

我一点一点地意识到，我的自我否定更多的是这样的：失败者，无能，不可爱，不值得爱，一个没有价值、没用的人，等等。过去我对这些全盘接受，《走出抑郁》告诉我，这些是想法，不代表我真实的自己。大脑的一部分告诉我不行，劝我放弃，我要让它相信，我是可以一点一点把事情做好的。就像腿受伤的人，能走一小步，就是很大的进步，不要因为进步太小而否定自己。

就这样，在工作中，在和朋友的交往中，一出现自我贬低和否定，我就会提醒自己：我并没有自己想的那么差，感觉自己很差、很失败，也不意味着自己真的如此。“感觉”也会出错，不要一味相信这种失败感及无能感，“感觉”需要事实来证明，而不是一味去认同。

在这些治疗性语言的鼓励下，我开始做了很多以前想做而不敢做的事情。当然，在这个过程中又出现了各种各样的不合理信念及自我贬低性思维，但我不再轻易相信自我否定与自我贬低，开始把它们当成一种假设，尽量试着用事实去验证。

后来，我发现自己并不是一个彻底的失败者，即使抑郁，我也做了很多事情。虽然一些事情做得不尽如人意，但某方面的失败并不代表我整个人的失败。在与他人比较方面也是如此，某个方面或几个方面不如别人也不意味着我真的比对方差，毕竟我也有我的优点，比如努力、真诚、善良。

当我试着从另外一个角度来看待事物，评估自己之后，就看到了不一样的“风景”。我过去的错误是过于期待用“大成功”来证明自己，不懂得在点滴的进步中鼓励和支持自己。没有取得“大成功”，我就认为自己很失败，进而丧失了进一步努力的勇气和动力，把自己当成了失败者和可怜虫。其实，问题的关键不在于我真的没有能力，而在于我对自己提出了过高的要求，就好像刚开始学开车就要求自己成为一个熟练的司机；而且即使我真的做到了，还会拿自己和那些更优秀的司机相比，而忽视了自己的成绩和努力，让自己的情绪更加消沉和萎靡。越是这样，就越陷入一个误区，越期待奇迹的出现，现实就越让自己难以忍受。后来我终于意识到，作为一个人，你并不需要用“大成功”证明自己，你需要做的是接纳不完美的自己。否则，成功对你而言将是一条艰险的道路，因为在未开始之前，你已经把自己打败了。并且作为一个人也无须把所有的事情做好，无须在各方面都出色才能接纳自己。每个人都有局限性和做得不好的地方，这不能成为否定自己的理由。

第十一节　勇往直前

抑郁会成为一个人逃避现实的理由——我现在抑郁，所以不用努力了，一切等我好了再说吧。因为抑郁，我错过与放弃了学业、友谊、爱情、梦想……不能再逃避了，不能再幻想了，不能再继续用“等我好了，一切都将不同”来自欺了，我必须面对现实的人生，去追求自己所希望的生活。

开始自我治疗之后，我并没有一下子变得自信、开朗，但我有了前进的勇气和动力，也不会因为事情不顺利或失败而把自己一棒子打倒。那时，我通过朋友认识了一个女孩，在一起玩过几次，对她有些好感。现在想来也许那并不是爱，就好像是一个测试，为了证明自己有勇气去尝试。我知道自己只是一个普通的工人，家境更是一般，追求她失败的可能性很大，但为了证明自己的勇敢，为了弥补过去的遗憾，为了证明自己并不是过去那样的懦夫，就算失败也表明了我有勇气向喜欢的女孩表达我的爱。在这种信念的支撑下，我开始了和她的交往。

我就像大病初愈的赛车手急于回到赛场一样急于回到正常人的生活，我开始对她进行了略带些盲目的坚韧追求，即使在她明显表现出对我的排斥和反感时也是如此。朋友教给我一些追女孩的“技巧”，我追她就更加主动了一些，比如接她下班或请她吃饭等。她那时在商场做营业员，我会经常去商场找她，有时她会特意躲着我，但一个鲁莽的选手是不会注意到比赛中的这些细节的。

有一次，她请我去她家里吃饭。不知道她是出于朋友的情谊，还是出于对我这个傻蛋的同情，不管怎么说，能到她家做客我很激动。

那时，我刚刚 20 岁出头，穿着非常随意，穿着黑色 T 恤和自制的乞丐裤，看起来就像小混混一样。第一次到她家做客，我没带礼物不说，还很“大方”地和他们一家人吃饭。我有些紧张，但故作镇定，吃完饭也没有知趣地离开，而是在她的房间和她聊了一会儿，后来不知道该聊些什么，她也表现出困意，我才知道该走了。我当天的穿着与表现也许会让她很后悔把我带到家里吧。

也许正是这次失败的拜访，她告诉我以后不要再找她了。这对我是一个打击，也是一种解脱。那时我根本体会不到爱，更多的是把这种追求当作对自己勇气的考验，如果她不拒绝我，我是不会放弃的，我可以允许自己失败，却不允许自己中途放弃，因为怯懦和退缩已经让我丧失了太多的美好，即使是失败也总比逃避好。我的目的已经达到，因此有一种比赛结束后的轻松感。虽然结果不令人满意，但我终归是敢于再次回到“跑道”，这对我来说也是一种成功。

在那次之后，我又有过几次这种“盲目的追求”，当然都以失败告终，好在最后我终于克服了和异性交往及被异性拒绝的恐惧。再后来，我不再如此盲目，我也知道如果遇到自己喜欢的人，我有勇气去追求，而不会像过去一样只会逃避。这种勇气和不怕失败的自信，也许是那时鲁莽追求异性的最大收获吧，也才使我在以后的人生中没有再错过和我真正情投意合的人。

第十二节　真实的生活

抑郁会让人逃避现实，活在自己的幻想之中。在幻想的世界里，没有痛苦，没有绝望，没有失败，每一天都是享受；在这个世界里，我们成了自己想要成为的人，过上了自己想要过的生活。但越沉溺于幻想的世界，我就越远离真实的自己与真实的生活，也会在抑郁的旋涡中陷得更深。抑郁的程度与幻想的深度成正比，只有意识到自己只不过是在维系一个本不存在的“乌托邦”，并从幻想的世界里走出来，才能停止这无休止的内心挣扎!

慢慢地，我的生活不再孤独，下班后也不总是待在家里，而是经常和朋友逛街、吃饭、打牌。虽然谈不上因此变得快乐，但和过去那个封闭和阴郁的自己相比不知好了多少倍。和朋友的交往不仅给我带来了快乐，也让我慢慢认识到了真实的生活。以前总觉得别人比自己好很多，但真正和朋友深入交往后我才发现，真实的生活和现实的人生总会有很多的烦恼和无奈，总会有情绪低落及不如意的地方。这时我才真正理解“生活本来就是充满艰辛与困惑的旅程”这句话的深刻内涵。是呀，就算没有抑郁，生活也是生活，不是童话世界；就算没有抑郁，自己也总是平凡的人，不会是超人，做不到无所不能。以前我总把一切归因于抑郁，总把自己看成一个失败者，当我真正走近他人，走进生活后才发现，一切并不是自己想象的那样。

后来我才知道，在工作时认识的一位姐姐和相恋了三年的男友分手了。我一直认为他们是天生的一对，永远都不会分开，但现实却如此残酷。虽然她总说无所谓，但这件事对她伤害有多深，想必只有她自己知道，她也只能独自舔舐伤口。她长得不是很漂亮，但对人很好，性格也很温柔，懂得照顾人，大家都很喜欢她。经历了这么多，她依然开朗，依然对朋友真诚。从她身上，我懂得了，就算没有抑郁，也会被别人抛弃，被别人伤害。你无法控制别人，只能自己面对现实，这和抑郁没有关系，这是现实。所以又何必期待一种完美的生活呢？又何必期待着抑郁消失了生活就变得充满阳光？生活有时会晴空万里，有时会乌云密布，一切和抑郁无关，就算没有抑郁，该经历的，该遭遇的总是要经历和面对。当把生活当成生活，而不是幻想中的世界时，我才真正接受生活中发生的不如意、挫折，明白了这不意味着我不可爱或是一个失败的人，这就是真实的生活。

我的好朋友王海峰，长得帅气，家境又好。但在我们相聚的半年后，他的女友竟然和他的一个好朋友在一起了。我陪伴了他近一个月，他的情绪才平复了一些。这么优秀的人也会被他人背叛，而且是被好朋友和恋人背叛。以前这在我看来是不可思议的事情，我认为这种倒霉事只会发生在我这种可怜虫身上，他这么优秀的人怎么可能遇到这种事呢？后来我终于明白，就算是成功和出色的人也会被他人伤害，也会有失败的时候，也会有缺点。既然如此，我怎能因为自己的缺点与失败而和自己过不去呢？我怎能把缺点和失败当成否定自己的理由？为何不能善待自己？慢慢地，我不再把他人看得很高大，把自己看得很渺小。人无完人，重要的不是把所有事情都做得好，而是要把自己可以做好的事情做出色，做到这一点已经足够。

大姨家的表哥性格很开朗，喜欢他的人很多，他属于那种可以在很短的时间里和别人成为朋友的人。以前和他在一起我经常会自卑，我没有他能言善辩，没有他受人欢迎，没有他有能力。后来他告诉我，其实我看到的只是表面，他看起来朋友很多，但真正的好朋友不多，并且他也有被别人伤害和欺骗的时候。他的座右铭是：就算你对别人好，把别人当作朋友，也无法避免被伤害、被欺骗，但不能因此就不交朋友。以诚相待，真心与他人相处，就算受到伤害，自己也做到了“问心无愧”。从表哥的身上，我知道了凡事不能看表面，性格开朗有助于交朋友，但也不见得和所有人都成为真心朋友。朋友不在于数量，而在于质量，没有必要因为朋友不够多而自卑，只要做到“以诚相待，真心相处”已足够，就已经对得起自己的心。

一开始我仅仅通过思维上的辩论对抗负性思维，心里依然有一股力量在苛责与否定自己。我的心中好像有两股力量在作战，一个声音告诉我：“你是一个失败者，一个可怜虫，没有人会喜欢你。”而另一个声音却对我说：“不是的，你没有你想的那么糟糕，是抑郁让你有了这种感觉，你需要从可以努力的地方开始努力，没有必要和自己过不去。”开始的时候，自我肯定的声音很微弱，但至少这种“声音”让我开始怀疑自我否定是否正确、是否真实，并且有勇气去面对心中的恐惧。当勇气变为行动，当行动让我看到真相的时候，我内心的这两股力量的对比才发生了实质性的变化。我发现别人并没有我想的那么完美，现实生活并没有我认为的那么美好，我也看到了通过自己的努力可以取得成功，自己并不是一个彻头彻尾的失败者。我不再因为失败及某些缺点而贬低自己。我知道，我不是超人，注定无法把所有的事情做好，别人也不能。我没有必要把所有人的优点都集中起来打击自己。我也明白了，幻想中的美好只是幻想，并非现实。当我可以放弃理想化自我的幻想，当我发现真实的生活并不完美的时候，我才真正懂得了怎样与自己相处，如何爱真实的自己，而不再幻想完美的自己了。

第十三节　尾声：蜕变

苦难会让人变得坚韧；苦难会让人变得成熟；苦难会让人找到真实的自我；苦难会让人开启真正属于自己的人生！

从北京回来一年后，我整个人发生了很大变化，虽然没有彻底地从抑郁中走出来，但我有了朋友；虽然有时也会抑郁，想要逃避，但我已敢于从隐藏的地方走出来，可以开始呼吸“新鲜空气”，可以从新的角度看待自己，而不是一味和自己过不去了。其实，治疗抑郁的过程正是善待自己，关爱自己的过程。

既然我已经敢于和朋友交往，敢于追求自己的爱情，那么我的学业和事业呢？我的未来与发展呢？这个问题也慢慢成为我关注的问题之一，毕竟我不能一辈子在工厂里打工，以后的人生该怎样度过呢？该如何找到自己的立足点呢？

没有经历过的事情总是有着无限的诱惑。大学，对没有上过大学的我来说好像一个梦幻般的地方，在那里可以学习，可以交友，可以恋爱，可以开阔视野，可以为以后找工作铺平道路……但我真的可以吗？我真的可以坚持吗？我真的可以做到吗？毕竟离开高中已经三年多了，等我考上大学时，过去的同学都快大学毕业了，我这个年纪还适合回到高中考大学吗？回到高中是否会被别人笑话？我是否可以从跌倒的地方站起来？太多的担忧在我的头脑中盘旋，是接受挑战还是放弃，是坚持还是妥协？

最终，我还是决定重回高中，考大学学习心理学专业。有几个原因：其一，可以从跌倒的地方站起来，可以完成自己过去没有完成的心愿；其二，在自我治疗的过程中，我深深地爱上了心理学，本来我是一个拙于表达的人，但和母亲谈起心理学却总能滔滔不绝；其三，虽然我的情绪已经稳定了很多，但我不知道抑郁会不会再来，心中依然存在着隐忧与不安全感。所以那时想学习心理学还有一层打算：就算抑郁再次袭来，我也不会恐惧它，这就好像一个平日里胆小懦弱的人练习武术，不乏防身之用。

做了决定后，我还要面对现实的困难。家人是否同意？工作怎么办？上学的学费从哪里来？

我同妈妈和外婆说了想法，妈妈比较同意，但外婆有些不同意，她希望我继续工作。正在这个时候，我所在工厂因为生产不景气，所以不得不停工，给员工放了无限期长假。最后外婆也就同意了我去上学，她说：她会把准备留给我结婚用的钱拿出来供我上学，但以后结婚就要靠我自己了，家人就帮不上忙了。我欢喜地答应了外婆，因为在我看来，按照自己所期望的方式去生活比结婚重要得多。之后，在妈妈的帮助下，我顺利地回到了原来辍学的高中。

今日回首，已经离我当初想要上大学去学习心理学相距十多年之久。这十多年有道不尽的酸甜苦辣，我为自己没有放弃梦想而庆幸。在这十多年的时间里，我完成了从抑郁者到心理咨询师的蜕变。还记得当年的那个梦，梦中的那个人及那双手，而我现在正在用自己的这双手尽力地帮助心灵备受煎熬的人们。

处在抑郁中时，我深受其苦，但当我真正蹚过抑郁这条河后才发现，原来抑郁也和其他生活中的磨难一样，如果它打不倒你，将会使你更坚强。

第二章

抑郁的初步治疗

第一节　了解抑郁

随着社会的进步，心理健康越来越受到重视，心理治疗机构也得以蓬勃发展，人们对于心理治疗或心理疾病有了广泛的了解，这与我当年陷入抑郁时已经有了很大的不同。值得欣慰的是，我家乡的小城也陆续开办了几家心理咨询中心。

虽然在这十多年里心理健康事业发展很快，但依然存在很多不足。第一，人们对心理障碍与心理治疗还存在很多认知误区；第二，心理健康行业从业者水平参差不齐，这一点也是心理健康事业发展及人们接受心理治疗的主要屏障；第三，由于监管制度尚待完善，人们对整个心理健康行业产生怀疑与不信任。所以，心理健康事业还有很长的路要走。

在各种心理疾病中，抑郁的患病率相对较高，本书将从心理学的角度深入地分析抑郁产生的原因，并提供对策，本书大量的案例及治疗观点均来自临床观察及实践，希望对您了解抑郁及治疗抑郁有所帮助。

第二节　认识抑郁

说清楚什么是抑郁，是一件比较困难的事情，每个陷入抑郁的人有着不同的症状表现，当然也对抑郁有着个人化的体会和理解。一般而言，抑郁会影响我们的情绪、对未来的希望、对自己及他人的看法，同时也会很大程度影响人的食欲和睡眠等生理情况。患者越希望自己能够快乐积极一点儿，越是难以做到，好像整个人已经不受自己的控制，经常和自己唱反调。看到他人可以轻易获得我们期待已久的快乐，会更加刺痛我们的心。在患抑郁症之前，我们对生活和未来也许抱有很多希望和理想，但在陷入抑郁后，一切都变得不那么重要，重要的只有："我什么时候才能好起来。"周围的人也试图理解和关心我们，却无法真正理解发生在我们身上的一切。毕竟抑郁是一种无形的伤。别人也许会认为我们在无病呻吟，或小题大做。而且，就算别人可以体会到我们的痛苦，也爱莫能助。

抑郁者往往会体验到严重的束缚感，无法挣脱。下面是一位抑郁者的随笔。

我感觉自己就像是被锁在笼子里，随着时间的流逝，虽然我还在挣扎，但这些都无济于事，我越想着冲出来，就会变得越疲惫，现在的我已经被撞得头破血流，却还是不愿放弃地挣扎着，希望奇迹会出现，笼子会突然打开。我也知道把笼子锁起来的人正是我自己，但我怎样才能找回自己？谁能给我这个答案。

在这不停挣扎又不停挫败的循环中，毅力被不断地消磨，生存的意志受到严酷的考验，一些人放弃了，一些人坚持了过来，重新找回了自己，找回了久违的快乐。所以，战胜抑郁除了正确的方法，还要有坚韧的精神——请记住：有时成功的关键在于，不放弃努力！

抑郁者的核心问题是缺乏快乐，更确切地说是丧失了体验快乐的能力。过去可以让我们开心的事情，现在却无法激发我们的兴趣，越想摆脱这种状态就陷得越深，无力自拔。当一次次的抗争换来的是失败与绝望，改变的动力就会进一步被削弱，进而选择逃避。起初，逃避可能会让我们感觉好些，但最终，逃避也会成为我们问题的一部分。越逃避，就越恐惧；越逃避，就越自我疏离；越逃避，就越被失败及不快乐的感觉所淹没。

在绝望与无助中，我们总是期待奇迹的发生，并幻想这一切痛苦只是一场梦，但这些痛苦却又真实地摆在我们的面前，让我们无法逃避，无力摆脱。

下面是一位抑郁者写的随笔。

我没有外界的压力，却饱受折磨。

我担忧，我恐惧，我孤单，我哭泣，我自责……如此循环着。

我企盼有意义、丰富多彩的生活，越这样，越认为自己的处境无奈、灰暗。

我需要独立自主，他们（父母）不应该管我、关心我，只需为我提供食宿即可。他们也确实如此做了，我却又不满了：我还没有能力去独立，我什么都不会，我什么也没学。

我空出的时间很多，就那样循环、循环、循环，我不断地恐慌，那是他们造成的。

我不断地希望可以有个新的开始。

可我又不想了。时间还有很多，可以再等等，再等等。现在似乎还欠缺些什么，等一切准备好，会更完美。

我的心理素质很好，我一直在自我安慰，一直。

最后，我崩溃了。我号啕大哭，瞬间，我得到了解放。

现在，我又在回想，寂静、沉默、虚伪、冷清。没有繁华，没有诱惑，没有陷阱。

我不再需要自我安慰了，或许我麻木了。

我在逃避着那些我无法逃避的。

抑郁不仅影响我们的情绪，而且还会影响我们的行为、思维、想象、生理等方方面面。

情　绪

处于抑郁中，我们的情绪会变得低落，缺乏体验快乐的能力，即使过去能够让我们开心的事情，现在也不会引发我们快乐的感觉。我们越希望自己能够快乐起来，就会越关注情绪，就越难以快乐起来。所以，对情绪过于关注反而不利于情绪的平复，我们不要逼着自己快乐起来，**而要试着问问自己：我为什么不开心**？一开始我们可能找不到任何原因，这其实提示着我们缺乏对自己的了解。当我们开始了解自己，倾听情绪在告诉我们什么时，不快乐就不是那么难以理解了，反而是一种“情理之中”的事情。比如，如果你把别人的肯定当成自我肯定的条件，那么当你得不到他人的认同与肯定时就会不快乐，因为你的需要没有得到满足。从中我们会得知：**情绪仅仅是“需要”是否得到满足的“晴雨表”**，通过对情绪的分析，可以发现我们内心深处的“需要”，通过发现“需要”我们可以慢慢发现内心深处的自己。

思　维

情绪的变化会影响一个人看待事物的方式和角度。同理，某种思考问题的方式也会在一定程度上影响人的情绪。例如，一个人情绪不佳，就比较容易把他人没有恶意的玩笑解读为对自己的否定，而不会理智地思考是否还有其他可能性；而如果一个人认为自己是不可爱的或失败者，受这种自我否定的思维影响，想必他也不会有什么好心情。

人在抑郁的状态下，思维会陷入某种非理性中，这种思维倾向又会让他的情绪变得更加抑郁。例如，一个失恋的人如果认为自己不值得被爱所以才会恋爱失败，那么他很可能会想到过去被拒绝和被否定的经历而更加确定自己是不可爱的、不讨人喜欢的，从而进一步陷入情绪低谷。

所以，通过改变思考问题的角度就可以在一定程度上来改善情绪状态，只有我们不再把自己当成失败者、可怜虫、无能的人，抑郁才能慢慢地离我们而去。

行　　为

陷入抑郁时，我们很难看到未来的希望，现实中的失败和挫折摆在面前，让人无力摆脱，还有什么积极的行动可言？即使刻意去做那些曾经让自己快乐的事情，也只会让我们更加疲惫不堪。

抑郁会让人变得消沉，我们想鼓励自己积极起来、振作起来，自我鼓励的语言却成了一种空洞的口号。在抑郁面前，我们变得软弱无力，几乎找不到突出重围的方向。之后，我们不得不把自己封闭起来，不再努力，逃避那些我们无法改变、无力面对的现实，这样才能让我们暂时感到好受一些。但逃避最终会让我们更加困难。

要走出抑郁，就要打破这种因抑郁而改变了的行为方式、努力从隐藏的地方走出来，是战胜抑郁的第一步。

想　　象

人有着丰富的想象力，在抑郁的状态下，我们的想象力会被进一步激发。这时，我们好像成了生活的导演，凡事都往坏处想，还想得特别具体、生动，我们会想象自己是如何失败的，是如何被别人拒绝的，是如何表现糟糕的。这些悲观的“剧情”让我们更加不自信，并且害怕想象中的情节在现实中上演。虽然我们极力避免，并试图让自己往好处想，但就是无法做到，也无法真正感到放松。

这种想象有时也会在梦中、在幻想中或在白日梦中出现。一些抑郁者经常在白日梦中看到自己成功的画面，在幻想中成为期望中的自己，拥有了梦想中的生活。在想象的世界中，我们可以做自己想做的事情，成为自己想成为的人，而当我们不得不面对现实时，强烈的焦虑与恐惧就会让我们的头脑中闪现出失败及自己被伤害的画面，这种画面的出现，让我们更加不安。

有时，抑郁者的绝望也会反映在梦中。比如梦到自己得了绝症，到医院检查，大夫说还有 3 个月可以活；甚至梦见自己马上就死了，自己给自己立了一块墓碑。

所以，梦与幻想也会暴露我们内心深处的担心与冲突，通过对想象的分析，可以帮助我们进一步了解自己，并发现我们的担心及受伤害之处。

生　理

抑郁时的生理变化主要集中在两方面：一方面是可见的，如食欲减退、睡眠变化（睡得过多或过少）、躯体的轻度疼痛及紧张感、体重及性欲的变化；另一方面是不可见的，主要是大脑内一些化学物质分泌的变化，如多巴胺、去甲肾上腺素、5- 羟色胺等单胺类物质的分泌水平下降。

很多人认为抑郁是生物学原因导致的，即，大脑内单胺类物质分泌的异常，所以认为只有通过药物来改善这类物质的分泌才能达到治愈抑郁的目的。但大脑内原有的化学物质平衡是如何被打破的呢？如果没有找到大脑化学物质分泌异常的原因，药物治疗就会像不断地往有漏洞的水池中注水，是无法把水池注满的。找到抑郁的症结所在，才能真正走出抑郁，并有效地防止复发。

第三节　抑郁产生的原因

“我为什么会陷入这该死的抑郁？”是很多抑郁者所关心的问题，而回答“为什么？”，则有利于我们下一步的“怎么办？”。

为何会陷入抑郁，不同的理论对此有着不同的解释。当然一种解释并不排斥另一种解释，只是分析角度不同。有时，陷入抑郁是多方面原因所致，下面就介绍一些有关抑郁成因的理论解释。

遗传因素

第一种可能性是某些人天生具有抑郁的易感性。陷入抑郁后，我们大脑内的神经化学物质的分泌会出现异常，这种异常有时来自我们的基因，即，控制着大量生物化学物质的DNA片段。如果这种见解成立，那么我们就会看到抑郁在家族中的延续，即，抑郁具有可遗传性。

对同卵双生子的调查也证明了遗传因素的存在。同卵双生子中，如果其中一个患有抑郁症，那么另一个患有抑郁症的概率则会高于其他人。但是，尽管同卵双生子基因相同，却不一定同时发病，其中一个发病，也不意味着另一个一定会发病。这一事实表明：除了基因因素，环境、教育、成长等因素也不容忽视。

成长经历

虽然人对抑郁的易感性会受遗传因素影响，但一个人的成长经历，尤其是早年的经历对是否患抑郁的影响更为显著。有些家庭中，父母对孩子缺乏关爱，或者父母虽然很爱孩子但经常以苛责的方式来表现“爱”，在这样的家庭中长大的孩子，往往会缺乏自信，容易自我否定。父母关系不和，经常吵闹，或父母本人就存在神经症倾向，比如过于追求完美、吹毛求疵、严重自恋等，会让孩子体验到不安全感，产生焦虑情绪。为了克服焦虑，孩子会试图把所有的事情做到尽善尽美，以博得周围人的肯定，减轻心中的不安全感。这种扭曲的心理防御机制一旦形成，就会影响人的生活信念及内在驱力。

生活信念

虽然生活在同一个世界中，但人们看待事物的角度与方式却各不相同，这种不同可能来自父母、成长或教育环境等差异。人一旦形成了某种看待自己、他人及世界的信念，就很难改变。例如，如果孩子一直难以满足父母的期待，或犯了一点儿错就会被家长打骂苛责，那么他就很容易形成“我是一个失败者”的信念。就算他日后表现得再好，也很难对自己满意。

某种信念一旦形成，人就容易忽视与其信念相反的事实，通过这种“过滤效应”，他会更加确定自己判断的“正确性”而忽视了事实真相。例如，一个人认为自己是一个失败者，他就很容易发现自己的失败之处，因为这符合他的“特性”，就算他有时成功了，也不会因此肯定自己，反而会认为这只是一种偶然或巧合，或者任何人都会做到。当然，这些不是有意识的行为，而是自动化的，就好像事情原本就是这样。所以，心理治疗有时也会针对这种负性的信念，打破抑郁者扭曲的思维方式，进而改善其情绪状态。

内在驱力

生活信念仅仅会影响一个人对事物某一方面的判断及评价，而内在驱力则会影响一个人整体的生活基调与追求。也就是说，信念仅仅会影响一个“点”，而内在驱力则会影响一个“面”。内在驱力是影响及支配我们生活的一种内在动力，我们生活中很多选择及判断几乎都产生于此，症状也不例外。

在生活中我们明明知道不应该为某事、某人或某物而焦虑、恐惧或抑郁，但理智却往往无法说服我们的心。理智失效的时候，就是内在驱力在控制着我们，它好似另一个自我，只不过我们对它缺乏了解。比如，一位青年男性害怕自己的紧张会影响别人，担心自己的仪表不够整洁，害怕自己的脸红被别人发现，很在意别人对自己的看法，对自己的失败耿耿于怀。虽然他知道自己不应该如此在意自己的表现，也不该如此在意别人对自己的看法，但他就是控制不住自己的想法。一旦在别人面前暴露了缺点，或者可能被别人否定，他就会变得异常焦虑和恐惧。这正是他的内在驱力，而不是理智在左右他自己。

当他无法继续满足这股内在驱力的要求时，就会陷入深深的焦虑、恐惧或抑郁之中。所以当我们的理智无法控制自己时，我们就需要发现并了解这个内心深处的自我。只有了解并摒弃这股控制我们的内在驱力，我们才能真正从抑郁中解脱出来。

刺激事件

抑郁发作有时是在某种严重刺激事件下发生的，比如失恋、失败、亲人的离去等。值得一提的是，一些常人看来微不足道的小事，也容易成为抑郁者抑郁发作的导火索，比如发言紧张、考试失败、被批评、被轻视等。

从表面上看，我们会认为抑郁者心理素质差，或抗挫折能力太弱，但当我们真正了解抑郁者的生活信念及内在驱力后，就会发现这些事情对他而言的意义，才能理解为什么我们眼中的“小事”在他眼中是一件“大事”。

所以从本质上来说，患有抑郁的人不是被生活中的刺激事件所打倒，而是被这些事情对他而言的意义所打倒。即，刺激事件仅仅是一个导火索，它会“按动”我们内心的“脆弱”之处。当我们责怪一些既往事件让自己患上抑郁时，我们需要进一步思考，为何“这块石头”“绊倒”了我们而不是别人，我们自己需要承担什么责任，我们自身存在怎样的问题？

社会文化

每个社会都会存在一些主流的价值标准与行为准则，一旦个体超出了社会文化的期待，就会产生被他人排斥或贬低的焦虑感，就会承受巨大的压力。所以，社会文化因素也会成为一个人的压力源。

即便如此，我们依然可以看到一些人并不完全受制于社会文化的压力。有人投身于自己喜爱的事业，乐在其中而不在意别人如何看待他；而有的人已经在别人眼中功成名就，却依然缺乏安全感。从中我们会发现，社会文化虽然制约着我们，却不决定着我们，真正决定我们的依然是我们的“心”。

第四节　抑郁的心理治疗

抑郁者也试图寻找方法帮助自己摆脱抑郁，但往往因为这些方法缺乏一定的针对性与系统性，还是以失败告终。

目前，心理治疗的理论五花八门，归纳起来可以大致分为针对症状的认知行为治疗及对症状背后原因分析的心理动力治疗。本书将分别从这两个理论方向来分析抑郁的成因，并提供对策。认知行为治疗会有效地缓解抑郁症状，但缺乏系统性的分析，所以本书把它定义为**初步治疗**；心理动力治疗将帮助我们透过症状看本质，使人更加自我了解，理解症状的成因及背后的动力系统，所以本书将把它定义为**深入分析**。

上文我们已经谈到，人的行为与思维是相互关联的，人的思维与情绪也是密不可分的。虽然一开始我们不能准确地找出让自己陷入抑郁的真正原因，但我们可以通过行为的改变来影响思维；再通过思维的改变来改善情绪。比如，你想交朋友，不管大脑如何对你说不行，劝你放弃，你在行动上一定要勇敢地去做你想做的事情，只有这样，你才能慢慢发现劝你放弃的这种思维的错误之处。当然，我们也可以通过直接发现这种思维的不合理之处去改变它。比如，我们在失败时很容易得出自己无能的判断，进而丧失了进一步努力的勇气，这是因为我们的思维犯了“过分概括化”的错误。毕竟，一次或几次的失败并不意味着你就是一个失败者。当情绪因为行为及思维的改变而变得积极，而不是死气沉沉的时候，我们就会有精力和动力进一步分析让我们陷入抑郁的深层原因，从而更好地了解与改善自我，预防抑郁的复发。

所谓深层治疗就是发现症状背后的原因，即找到症状背后的驱动力。这种动力系统的问题得不到解决，症状就不会消失，哪怕一时消失了也很容易换一种形式重新出现：今天你可能会为自己的缺点对自己不满，明天可能会为自己的失败而耿耿于怀，后天又可能因为过于在意他人的看法而紧张不安……

抑郁的治疗很难做到药到病除，往往需要长时间的坚持。但抑郁的典型症状是绝望感，这种绝望感会让我们看不到希望而很难有持之以恒的动力。也有一些抑郁者缺乏改变的动力、勇气与意志，并且无法忍受治疗中必须承受的痛苦及艰辛，早早放弃，或只是观望而不尽全力，不去面对自己的恐惧。这都是抑郁者无法被治愈的重要原因。

所以在阅读本书，或采取相应的专业治疗时，一定要问问自己是否有决心和毅力，是否有对自己负责任的态度。如果你对自己负责，并真心希望从抑郁中走出来，相信本书会对你有所帮助。当然，一本自助读物，并不能取代专业的治疗，但对大部分人来说，以本书为开端，慢慢学会分析自己，了解自己，找到抑郁的症结所在，并坚持行之有效的方法，可以有效缓解抑郁状态。

好，接下来我们就开始找回真实自我的旅程吧！

第五节　初步治疗

直面生活

在抑郁状态下，人往往缺乏行动的动力，以前感兴趣的事情也不再感兴趣，还会回避社交活动。抑郁改变了我们的生活模式，这种病态的生活模式又强化了抑郁本身。要打破这一恶性循环，就需要先改变病态的生活模式。抑郁时，大脑告诉你“不行”、劝你放弃，但你不要相信抑郁时大脑对你说的话，反而要逆流而上。即使你恐惧与人交往，恐惧面对生活，你也要鼓起勇气去面对你所恐惧和逃避的。当然，这样做并不意味着快乐一定会如期而至，但这却是重建生活、治疗抑郁的第一步。

当你开始工作，开始与人交往，开始丰富自己生活时，很多问题就会暴露出来，而这才是解决抑郁的最佳时机。

一些抑郁者会反问：患抑郁之前我不就是在投入生活吗？是抑郁让我无法投入，继而选择了逃避，我现在再次投入生活，不是自讨苦吃？以往投入生活时，你也许一直在犯某种错误或陷入某种误区，因此才找不到出路，而这次“旅程”将有很大的不同，因为本书将向你细致地讲解前进过程中可能会遇到的障碍、误区及解决之法。请你再给自己一次机会，不要在开始之前就把自己打败，**不要对未来绝望，因为成功来自在绝望中的坚持**。

很多人会说：这太难了！我做不到，我没有信心。一些人把信心看得过于重要，好像什么事情必须有信心才可以做到。殊不知，信心是需要培养的，就好像我们小时候学说话、学走路一样，我们并不是有了信心才去说话和走路，而是在不断的练习中慢慢建立了信心。开始做一件事情时，要允许自己失败，允许自己做不好。如果抱定必须成功、不能失败的信念，很多时候我们都不会有开始的勇气，因为对失败的恐惧就已经把我们打败了。从现在开始行动吧！不要期望一开始就有信心，在行动中去找回你的信心，而不是在等待中。

抑郁不仅挫败了我们对自己正面的评价，还让我们丧失了与人交往的信心及面对生活和未来的勇气。所以，我们要从失败的地方站起来。在失败中，我们知道了什么是正确的；敢于失败，我们才能有前行的勇气，敢于失败，才能慢慢培养起对自己的信心。

你是否回避和过去的朋友联络？

你是否放弃了曾经的爱好？

你是否不敢面对工作和生活？

你是否不敢去谈恋爱？

你是否过于依赖家人？

你是否经常把自己封闭起来？

你是否因为绝望，即使是对你有意义的事情，也不敢尝试？

你是否因为情绪不佳而忽视了身边的人和事？

……

如果你对这些问题中的一个或几个的回答是肯定的，那么这就是你跌倒的地方，这就是你可以努力的地方。从可以努力的地方开始努力，先不要管是否会成功。对陷入抑郁的你而言，**敢于尝试就是一种成功，能前进一小步就是巨大的进步**。不要因为自己的进步小而否定自己，要因为自己的努力而鼓励自己。或许，过去的“失败”正是因为你不善于肯定自己小的进步，过于轻视自己的努力和成绩。

以前，我认为活泼、开朗、谈吐自如才是人际成功，当自己没有达到心中所期待的标准时就会否定自己，觉得自己不行，认为别人不会接受和喜欢我这样木讷的人。后来，当我不再为自己的表现而否定自己，反而因不再隐藏自己、敢于走出去而鼓励和肯定自己时才发现，真实的人际、真实的感情并不取决于你是否表现得“灵光”，而取决于你这个人、你的“心”。

陷入抑郁时，我们更容易关注自己哪里做得不好、如何失败，而看不到自己做得好的地方。一开始，我们甚至意识不到自己何时又开始自我否定，这时我们可以先把自我评价放到一边。即使你把自己当成失败者、可怜虫、不可爱的人、一片阴云，都不重要，重要的是你的行动、你的努力。很多的时候正是你轻信了抑郁时的自我评价，才丧失了前进的动力和勇气。所以，你先要相信：我可以一点一点地把事情做好。

我们如何做

直面你所恐惧的　何谓直面生活？简单来说就是不再逃避，直面你所恐惧的，而不是在逃避中寻找安全感。当然，有时面对自己所逃避的生活我们会变得更加紧张不安，但不跳入水中，什么时候才能学会游泳呢？有时忍受痛苦也是战胜抑郁的关键，如果一点儿痛苦与焦虑都无法承受，就不会有坚韧的力量与勇气坚持到战胜抑郁的那一刻。

“面对”是战胜抑郁的第一步，但不是最后一步。在忍受痛苦的过程中，我们可以慢慢了解未发现的自己，这样才能真正了解抑郁，为以后的治疗铺平道路。

情绪低落可能是对枯燥乏味的生活的自然反应，所以让生活变得丰富起来对情绪的调节也具有积极的意义。一些抑郁者陷入自我封闭的状态，因为恐惧，不敢走出家门；还有一些患者，看似过着正常的生活，但生活中除了工作或学习没有其他内容。如果你陷入这种封闭或半封闭的生活，那么请努力从隐藏的地方走出来，开拓并建立一种新的生活模式。让新鲜的空气进入你的生活，这是战胜抑郁的重要一步。

找回快乐　快乐来自行动，而不是等待。我们要去做那些可能会给我们带来快乐的事情，就算开始时得到的快乐很少，也比什么都不做要强。

我们每天都要问自己：**今天我做了令自己开心的事情吗**？

即使每天不开心的事情没有减少，我们也总可以为自己做点什么。人要为现在而活，不要为明天而抑郁不乐！

陷入抑郁时，我们对自己的情绪状态会非常关注，而抑郁的主导症状正是“缺乏快乐”。

其实，情绪是一种自发的过程，无法人为地控制，如果我们太希望快乐，这种过高的期待也会成为我们的负担。就好像我们睡眠一样，越担心失眠反而越容易失眠。快乐也是如此，快乐的人不会整天想自己快乐不快乐，所以就算缺乏快乐，也不要把注意力放在情绪上，过于关注情绪，这本身就会成为问题的一部分，无益于抑郁的疗愈。

快乐和幸福来自“投入”，我们投身于爱、工作、创造中，快乐自然会来。而如果我们过于关注自己的内在世界，忽略了外在世界，快乐将离我们而去。就好像农民的快乐来自庄稼，他辛苦播种的庄稼逐渐成长，他自然快乐。如果他的庄稼地里长满杂草，他又整天苦思冥想“我是不是个称职的农民”，他便很难找到属于自己的快乐。如果你因为不快乐而忽视了朋友、爱情、工作、学业、爱好的话，不快乐就像沼泽一样，让你越陷越深，让你错失可以给自己带来快乐的机会和可能。

运动 一系列心理学方面的研究表明，运动，特别是慢跑，不仅对躯体，也会对精神产生积极的影响。“经常性的运动锻炼，可以使肌肉全面放松，有利于身体的血液循环，从而降低神经系统的紧张。”心理学教授和心理治疗师赖因哈德·陶施这样写道。

运动的关键在于持之以恒，为了使自己不尝试后就沮丧地放弃，最好事先对困难有充分的心理准备。有些人太急于把跑步运动当成一种治疗抑郁的手段（当然一开始我也如此），问我：“要坚持多久才行？”其实这不是一个时间的问题，如果需要，可以一直坚持下去。如果你真的不喜欢跑步，其他运动也是可行的，只要是能让你出汗的运动，只要能持之以恒，都有改善情绪的作用。既然“生命在于运动”，所以坚持运动的时间越久越好，让它成为生活的一部分最好，而不仅仅把它当作为调节情绪的手段。

学会放松 抑郁会让躯体紧张，当然，躯体上的紧张大多来自精神上的紧张，当精神上的紧张感降低时，躯体的紧张感也会自然缓解，但学习一些放松躯体的方法有一定的益处，尤其是在你感到精神紧张的时候。

走路放松法

- 站直，但不要僵直。
- 走路的时候，将注意力集中在呼吸上。
- 慢慢地深呼吸，但不要过度。
- 呼气的时候，将注意力集中在“放松”上。
- 注意你的身体感受，哪个部位感到紧张，就放松哪个部位，让其变得自然下沉、放松。你的肩部感觉如何，紧张吗？如果紧张，让双臂下垂，体验其重量下沉感。你的其他部位感觉如何，比如脖子？
- 有意识地放松身体。
- 学会照看你的身体，了解躯体紧张时的感受。

默想放松法

- 选择一句话、一个概念，或一句提示词，作为您进入心静状态的口诀。
- 选择舒服的姿势安静地坐下。
- 闭上眼睛
- 放松肌肉
- 缓慢而自然地呼吸，呼气时默念你选择的口诀。
- 若不小心走神，需设法将注意力放到口诀上。
- 每日至少做一次练习。

呼吸放松法

- 舒服地坐在椅子上或躺在床上，将注意力集中在呼气和吸气上，注意它们的节奏。

- 慢慢将气吸入肺里（感觉空气下到了横膈部位），让空气在肺里停留几秒，然后慢慢呼出。
- 有节奏地吸气呼气，慢慢数数，吸气（一、二、三、四），保持（一、二），呼气（一、二、三、四）。
- 找到令自己舒适的节奏，集中注意力于“吸气”与“呼气”，以同一节奏默念“吸——呼，吸——呼，吸——呼”。

不要有负担，做缓慢的、有节奏的深呼吸，尽量保持轻松、舒适。一旦感到愉悦，就要告诉自己，你正在努力将身体节律减慢，以期逐步达到放松状态。每次呼气，你都要在脑海中默念“放松”，也可以默念“安静”。想象每次呼气，你的身体便开始放松。你呼出了紧张，开始变得温暖、轻松。

顺其自然

有时，紧张是由“关注”引发的，也许你过于担心自己紧张时的表现及他人的看法，所以才对紧张耿耿于怀。其实，对紧张可以用一种“顺其自然”的“无为”态度，这不失为一种好的选择。毕竟，有时“问题因解决而存在”，紧张也是如此，过于关注紧张的感觉，会强化紧张的程度。

精神上的紧张在躯体紧张中扮演着重要的角色，了解自己精神紧张的原因，对解决躯体紧张问题有重要意义。比如，担心自己紧张焦虑时别人会怎么看待自己，这种过于在意他人看法的思维，更容易强化紧张焦虑本身。下文将详细讲解如何降低精神紧张。

第六节　思维与情绪

情绪与我们看待事物的角度有关。看待事物的角度不同，会产生不同的情绪反应。了解自己看待事物的方式，才能理解自己的情绪。

比如，同样是失恋，如果认为“失恋仅仅意味着两个人不合适，天涯何处无芳草，失恋很痛苦，但并不是世界末日”，那么这个人在行为和情绪上虽然也会受到失恋的影响，却不会因此消沉或抑郁。如果这个人认为“失恋就意味着自己不可爱、失败，说明自己永远无法找到喜欢的人，无法拥有亲密关系”，那么失恋对他而言将是一场灾难。

从中我们发现，很多时候，我们不是受到事物本身的困扰，而是受到自己对事物的态度的困扰。如果可以改变影响自己情绪与行为的态度和观念，就能在一定程度上改善自己的情绪状态。

情绪的 ABC 理论

情绪 ABC 理论的创始者埃利斯认为：不合理的信念使我们产生情绪困

扰。久而久之，这些不合理的信念还会引起情绪障碍。情绪 ABC 理论中，A 表示诱发性事件，简称事件；B 表示个体针对此诱发性事件产生的信念，即对这件事的看法和解释，简称思维与信念；C 表示因此而产生的情绪和行为结果，简称情绪和行为。

A（事件）	B（思维与信念）	C（情绪和行为）

人们通常认为诱发性事件 A 直接导致了人的情绪和行为结果 C，即发生了什么事就会引起相应的情绪体验。然而，如果仔细观察就会发现，相同的事情，往往会引发不同的情绪反应。例如，同样是和朋友闹不愉快，一个人感到伤心，而另一个人却紧张不安，甚至出现恐惧。其实，引发人不同反应的关键在于 B（思维与信念）。在第一个人看来：和朋友发生争执很正常，过段时间就好了，所以不需要把这件事放在心上，自己也只是暂时有些难过；而在另一个人眼里，和朋友吵架，朋友就不会喜欢自己，自己再也找不到喜欢自己的人。

A（事件）	B（思维与信念）	C（情绪和行为）
和朋友吵架	没事，过段时间就好了	开始有一点难过，之后慢慢平静
	他将不会喜欢我，我再也找不到喜欢自己的人	恐惧、焦虑、抑郁

如果我们可以有效地改变 B（思维与信念），即改变对自己、他人及这个世界负性的看法及观念，就可以有效改善我们的情绪。

例如，负性观念：他不会喜欢我，我再也找不到喜欢我的人。

改变为：人与人之间总会有相互伤害的时候，如果吵架了就不再是朋友，只能说明我们之间的关系太脆弱。我需要的是那种“经得起风浪的船”，而不是“说翻就翻的小舟”。就算我们做不了朋友，也不意味着我此后再也找不到朋友。这只是一段关系的结束，不代表我将孤独终生，我可以开始新的友谊，事情也许没有我想象得那么糟。

思考问题的方式和角度就像一种习惯，容易被我们忽略。发生了某件事，我们往往会自然产生某种情绪或行为反应，而没有发觉自己是如何“想”的。为了发现自己看待事物的方式，我们要准备一个本子记录下我们经常出现的负性思维。要战胜它，就需要找到并了解它。我们经常会注意到情绪的变化，却很少问问自己：发生了什么？是什么让我的情绪如此低落？这件事对我的意义是什么？

萧丽是一位即将毕业的大学生，在一次短期培训中，因为表现得不是很活泼，她没有其他那些开朗的女孩受人关注，这让她的情绪产生了很大的波动。经过分析得知，她如此在意自己的表现，是因为她觉得自己不开朗，不讨人喜欢，在工作、爱情、友谊方面都会遇到很多挫折，难以过上自己所希望的人生。

萧丽过分放大了该事件对她的影响，并把是否表现得活泼当成获得他人尊重和建立良好人际关系的条件，又因为自己做不到像其他女孩那么开朗而自我否定，所以陷入抑郁状态。

难道能否获得他人尊重和建立良好人际关系仅取决于性格是否活泼开朗或一时的表现吗？萧丽显然陷入思维与信念上的误区。她忽略了一个人内在品质的重要性，比如善良、真诚、执着、温柔、稳重等，也忽略了自我接纳的重要性，毕竟每个人都需要接纳不完美的自己。

正是因为这种思维与信念上的误区，才导致了我们情绪的波动，下面我们就来进一步了解，思维与信念会让我们陷入哪些误区。

第七节　我们的思维容易犯哪些错误

“应该”和“必须”

只有成功，我才有价值；必须有人爱我，否则我就是一个不可爱的人；只有得到别人的肯定，我才能有自信；别人应该公平地对待我；我必须比别人强，比别人出色；我不能失败，不能有缺点，不能不完美……

有时，我们会被这些“应该”和“必须”的观念束缚，认为“有它，才能有我”，认为自己、他人、生活，必须满足某种要求，才能获得意义与价值。当现实没有满足这些“应该”和“必须”的要求时，我们就很容易对自己、对他人，甚至对这个世界不满。这时，我们就好像是被宠坏的孩子，只有一切随了自己的心意才能快乐。

李军大学毕业后顺利找到工作，却仍活在失败的阴影中。他觉得自己没有价值，因为抑郁，无法把自己的能力发挥出来，成了一个平庸的人。平庸对他而言意味着失败，他认为自己没有明显超过他人就不值一提。他抱着“只有成功，我才有价值”的观念不放，虽然他在生活的某些方面也很出色，但因为离他期待的“成功”太远，所以他一直无法找回对自己的信心，并认为这都是抑郁造成的。他没有反思：问题不在于抑郁，而在于他一味逼着自己达到幻想中的成功，无法接受现实中的自己。

情绪化推理

在强烈情绪的作用下，人难以理智地进行判断，而且会轻易相信自己在强烈情绪下得出的结论。即，我感觉是这样，事实就是这样——我感觉自己是一个失败者，那么我就是一个失败者；我感觉自己不可爱，那么我真的就不值得别人来爱；我感觉自己无法维系一段长久的友谊或爱情，他人就真的会离我而去；我感觉自己是一个虚伪的人，我就是一个虚伪的人；我感觉自己无法成功，我就无法成功……

有时，这些感觉如此强烈，负面思维又自动产生，我们来不及静下心反思，就又把这种感觉和情绪化的推理当成了事实，最终给自己贴上了失败者的标签。但，就算你感觉自己一无是处，你也不会真的因为这种感觉而成了“废品”，成了没有价值的人。**记住：感觉不代表事实，也不代表你自己**。

莉莉拥有稳定的工作和幸福的家庭，她对自己及他人的要求都很高。如果她在人际交往中没有做出灿烂的微笑，没有表现得挥洒自如，她就会对自己生气。在这种情绪的作用下，她很容易给自己做极端的评判。她感觉自己很笨、很无能。她对别人也是如此，一旦别人没有按照她所期待的那样对待她，或者在一定程度上忽视她，她就会愤怒，认为对方有意针对自己，没有把自己当成有价值的人来尊重。她对自己及他人的极端评判缺乏弹性，这往往会使她更加愤怒，更加无法看清事实的真相。

其实，就算他人没有按照你所期望的那样对待你，也不意味着他人在针对你；就算他人在一定程度上忽视了你，也不意味着他人不尊重你，也许还存在其他的可能。所以在抑郁时，不要一味地相信自己的感觉和情绪化的推理，而要把它们当成一种假设，用证据去验证它们是事实还是一种被扭曲的真相。

草率下结论

人在抑郁的状态下，其理性思维的力量会被削弱，往往会从一个方面或通过有限的依据得出整体性的判断。虽然这个判断经不起推敲，我们却容易沉迷其中无法自拔。例如，某人对我们不够热情，在抑郁的状态下，我们很容易把这种情况解读为他人讨厌自己，或自己是不可爱的人，而忽视其他可能性，比如他的心情不好、他就是这样的性格，与我无关。

当我们草率地给自己下否定性结论时，最好不要把这种结论当成事实，不管它看起来多么“真实可信”。我们要学会停下来和自己对话，质问那个自我否定的声音：你有什么理由证明我是不受欢迎的？有什么证据证明没有人喜欢我？我不是超人，有人不喜欢我很正常，我没必要得到所有人的喜爱和肯定，这个人不喜欢我不代表没有人喜欢我。

以偏概全

从一个“点”得出一个“面”的结论，或者说这种以片面的事实得出全面结论的行为，其实是一种以偏概全的思维模式。经历了一次失败，就认为自己整个人都很失败；有过一次失恋，就认为自己永远找不到真挚的感情；被一个朋友背叛，就认为这个世界上没有人值得信任；被一个人否定，就认为所有人都是这样看待自己的……当一个人对自己不够肯定时，很容易根据外在的细微“线索”全盘否定自己；当一个人认为自己不值得被爱时，也就很容易把别人的一些小的忽视和否定当成彼此关系的危机，甚至是结束。

李瑞是一位留美博士，毕业后他顺利地应聘到一家美国公司从事软件开发工作。一开始，他还热血沸腾地打算一展宏图，但真正做项目时却被“一棒子打晕”。因为他介入的是一个让所有人都头疼的项目，在他之前有10个墨西哥人打了退堂鼓，公司的几个“猛将”也相继被这个项目折磨得辞职了。即使是有10年工作经验的同事也说这个项目是自己遇到的“最难啃的骨头”。而他自己，当初的热情也被该项目消磨殆尽，深感挫败。周围的同事都安慰他：“这是客观原因造成的，不是你能力不足。”但他仍然无法原谅自己，认定是自己能力不够，才在该项目上举步维艰。这种自我否定逐渐泛化到他生活中的各方面，他甚至对自己的交友及生活能力都产生了怀疑，渐渐抑郁起来。

在李瑞的身上我们会发现，他依据片面的事实，对自己做出全盘否定。他在该项目上遭遇挫折，并非他能力不够，该项目本身就是“一块难啃的骨头”。而他无视这种现实，一味责怪与否定自己，对自己丧失了信心。这种以偏概全的思维模式，让他无法看到自己的成功之处，最终陷入抑郁状态。

非黑即白

非黑即白，即一种只注意事物的极端情况而忽略中间状态的极端思维，比如认为“不成功，就是失败”“没有受到别人的肯定，受到的就是否定”“不表现得坚强，就是懦弱”“不做到完美，就什么都不是”……

有时，我们会极端地要求自己与他人——自己要么成功，要么失败；他人要么爱我们，要么一点都不爱。在这种思维倾向下，我们很难温柔地对待自己与他人。其实，这个世界并不是非黑即白，很多时候处于中间状态。没有绝对意义上的成功，同样也没有彻彻底底的失败；就算他人爱我们、在乎我们，也不可能时时刻刻都能想到我们，也不可能完全理解我们的感受；我们自己也不可能完全符合他人的期待，这也不意味着他人在我们心中不重要；就算我们没有在所有时候都表现出勇敢，也不意味着我们懦弱，勇敢的人也有懦弱的一面，诚实的人也有不诚实的时候。如果用一种绝对的标准来衡量自己与他人，这个世界就没有什么人是成功的、值得爱的，或是爱我们的了。

生活就是生活，它本身是一个动态的过程，有高峰也有低谷，同时，它也是一段充满艰辛的旅程。

自我中心

自我中心的人，以为自己看待事物的方式就是他人看待事物的方式，或坚持认为他人应该遵守与自己相同的价值标准、行为准则。比如自己认为自己很失败，就以为别人也会这么认为；以为他人如果爱自己，就要每时每刻地关心自己……

其实，这种自我中心的思维仅仅是一种外移作用。当一个人自我否定时，他也倾向认为别人看不起他。外移作用在生活中很常见，我们心情好的时候，觉得小鸟在歌唱，花儿也在向我们招手；心情不好的时候，就觉得整个天空都是灰暗的，世界也变得没了色彩。而事实上，无论我们的情绪如何，小鸟还是原来的小鸟，天空也还是原本的天空，没有半点不同，仅仅是我们把自己的情绪和想法投射到了外部世界。对待不会思考的事物尚且如此，对待会思考的人，我们当然就更容易把自己的想法投射过去，认定他人就是这样想的，然后更加恐惧他人，恐惧失败。

责任内化

自我中心的思维模式还表现为责任内化。即，把一切责任和错误都归咎于自己，就算自己没有错，也要“鸡蛋里挑骨头”，不能理智地评价是非曲直。在这种思维方式的影响下，恋爱失败，便责怪自己不可爱，全然不顾感情失败，双方都有责任的事实；事业不顺，就责怪自己能力低下，全然不顾客观存在的现实；被否定了，就一味责怪自己不好，看不到对方的吹毛求疵，等等。似乎只有生活完美无缺，自己不犯任何错误，才能满意，不然就会永远苛责与否定自己。也因为如此固执地责任内化，他往往容易成为一个“老好人”或成为被他人利用、伤害的对象。所以只有放弃这种责任内化，才能公平地对待自己，才能看清事实真相。

过滤积极评价

人陷入自我中心思维时，会固执地认为自己所想的就是事实，任何与之相反的理由和证据都会被他无意识地过滤掉。如果他认为自己是一个失败者，当然也不会相信别人对他积极的评价。他会认为："别人肯定我，可能是出于礼貌，或者是不了解我，或者只是同情我。"

抑郁的时候，我们更容易发现自己的"不够好"，而对自己的"足够好"视而不见。我们只会盯着自己的失败不放，忽视自己已经取得的成功。同样，我们也会更容易感受到他人对自己的否定而忘记他人对自己的肯定，或者对他人给予自己的正面评价产生怀疑。

摆脱这种思维倾向的关键在于：要让自己慢慢相信自己并没有自己想象的那么差，只不过我们太关注自己不够好或失败之处，过滤掉了自己的成功之处和来自他人的积极评价。

贴 标 签

有时，我们会给自己及他人贴上固定的标签，如：我不可爱；我是一个失败者；没人真的爱我；他人都是不可信任的……并认为这些都是静止不变的。

每个人都有独特的成长经历，不同的成长经历会形成我们对自己、对他人及对整个世界不同的看法和评价。但人生是一个动态的过程，从来都不会静止。就算我们曾被父母否定，有过失败和不如意，也仅仅意味着过去，过去的失败不代表现在，也无法决定未来。不要给自己贴上一个极端的标签，因为这会削弱我们继续前行的勇气和力量。

对待他人也同样如此，这个世界本来就没有绝对的爱和绝对的信任。

就算你在一定程度上受到了欺骗和伤害，在给对方贴上“不可信”的标签时，要先问问自己：现在下这个结论是否为时过早？尤其是在你处于抑郁状态时。“路遥知马力，日久见人心”，不要因为一时或一事，过早地给他人贴上极端评价的标签。

对未来的消极预期

有时，我们会无意中成为自己的“导演”，陷入自己编导的“剧情”中。就好像《蜡笔小新》中的一段剧情，小新的朋友风间，把营养午餐弄撒了，他试图把撒在地上的饭菜捡起来，但很快发现这样做是徒劳的，之后他的大脑中浮现出这件事对他一生的影响：就算上了小学，小学的同学也会说“你上幼儿园的时候把营养午餐……”；就算上了高中，高中的同学也会说“你上幼儿园的时候把营养午餐……”；就算长大了，也还是会有人说“风间，你上幼儿园的时候把营养午餐……”；就算当了爷爷，孙子也会说“爷爷，你上幼儿园的时候把营养午餐……”；就算死了，后辈也会说“这个人，上幼儿园的时候把营养午餐……”。“我的前途全毁了”风间绝望地说。

这段搞笑的剧情也会真实地在生活中上演。一位即将大学毕业的女孩，因为老师说了句“你性格太内向，不开朗，不容易亲近”，她便经常会在大脑中浮现工作以后的情景：如果我工作了，没有人喜欢我，我将孤独一人；如果单位集体出游，没有人喜欢和我邻座，没有人喜欢和我住一个房间；没有人喜欢和我说话，我只能埋头坚持把每日的工作做完……这样的日子能有什么前途和乐趣，我的生活全毁了，看来我无法适应这样一个世界了。

因为我们的思维有着“自动性”（自动产生，无须有意识控制）和“生发性”（从一个点，联系到一个面）的特点，所以我们会因为生活中一个小小的挫折或别人的一句话，一个眼神，一个细微的动作，就联想到未来的失败及过去不愉快的经历，进而从一个点放大到整个人生，好像整个人生都没有希望了，一切都被毁了。事实真的如此吗？不要陷入自己想象的情景，也许一切没有你想的那么糟糕。

第八节　如何找到负性思维

运用思维记录本

受到负面情绪困扰或经历一些令自己沮丧的事件时，我们可以把大脑中的想法记录下来。准备一个本子专门进行这种负性思维的记录，并坚持下来，这是自我了解的第一步，从中可以发现自己被哪些想法所束缚。

我们可以按照A-B-C的顺序进行记录，如表2-1所示，也可以只写出困扰我们的事件及对事件的看法。

表2-1　负性思维记录表

A（诱发事件）	B（信念、思维）	C（情绪、行为）
和同事产生矛盾，关系有些紧张	我不会沟通，导致了这样的结果。为什么我总是处理不好这种简单的事情呢？优秀的人想必可以处理好这种矛盾	**情绪：**自责，紧张，情绪低落 **行为：**在人际中更加退缩，不敢表现自己，担心被别人排斥

（续表）

A（诱发事件）	B（信念、思维）	C（情绪、行为）
情绪低落，无精打采，和别人相比缺少热情	被别人发现这样的自己，一定会被看不起，他人会因此离我而去	**情绪**：恐惧，焦虑 **行为**：封闭自己，不与别人接触
失败；事情进行得不顺利；表现不令自己满意；他人比我更优秀	事实证明我是一个失败者，我没有能力将事情做成自己所期望的样子，所以不要白费力气了，还是省省吧	**情绪**：绝望，抑郁 **行为**：逃避，不敢继续努力

如果情绪可以讲话，它会对我说些什么

有时情绪的变化好像无缘无故，让人摸不着头脑，不知道这种波动因何而起。如果是这样，我们就需要静下心来问问自己：如果情绪可以讲话，它会对我说些什么？

当然，一开始我们不能很好地意识到情绪在告诉自己什么，不要急，只要有耐心，就会对自己的情绪多一些了解。

一位男性突然陷入愤怒和抑郁的情绪之中，他不知道是什么引发了自己的情绪波动，因为在此之前他一直和朋友在一起玩得很好。后来他试着问自己："如果情绪可以讲话，它将对我说些什么？"这让他意识到之前发生的一件事情在默默影响着自己：朋友开车带他出去玩，路上遇到一辆车挡住了他们的路，朋友大声叫对方把车挪开。但这样一件简单的事情却成了他情绪波动的导火索。他最后意识到，自己情绪低落源于自己这样的想法：我不如朋友，他敢大声和别人说话，我一定不敢，我是多么无能和无用，我是一个彻底的失败者。

试着倾听情绪，而不是一味压抑情绪，也许你会发现，情绪的变化并非凭空发生，它们不是无理取闹，也不是无法被人了解。我们可以通过它们发现自己的“伤口”，找到“痛处”，为下一步“疗伤”做好准备。

通过“问题”了解自己

弄清楚自己的想法是件困难的事，除了上面提到的方法，还可以通过向自己提问来找到负性思维。假设你努力做某件事但没有做好而感到失望、情绪低落时，可以问自己以下问题。

我是如何看待自己的？

他人会如何看待我？

这件事对我的未来有何影响？

一位抑郁者经常因自己没有满足他人的要求而自责，即使求他帮忙的人和他的关系并不好。当他通过上面三个问题探究这件事对他的意义时，他得出了如下答案。

我是如何看待自己的？

我是一个自私的人。

他人会如何看待我？

别人一定不会喜欢我，认为我很差劲。

这件事对我的未来有何影响？

没人喜欢和我做朋友，我将会孤独一生。

正是因为这种对自己、对他人及对未来的消极预期，他才会因为没有帮助他人而贬低自己。

学会感觉

在抑郁的状态下，我们往往会沉溺于某种感觉，却很少分析这种感觉。没有陷入抑郁的人也会痛苦或难过，但如果你问他原因，会发现他知道自己为什么痛苦，为什么难过；而如果问一个抑郁的人，他忧伤的原因是什么，是什么让他感觉压抑，他往往会回答：我不知道，我无法解释。

心理治疗的任务就是为患者打开通往感觉的大门。心理治疗师理查德·奥康纳认为，患者自己也可以为此做些事情。你可以设法找到感觉瘫痪的动因，办法是借助“情绪日记”。抑郁者可以把每日发生的事情记在这本日记中：谁都干了什么？事情是在什么情况下发生的？我这一天有过什么思考、幻想和回忆？奥康纳认为，对抑郁症患者来说，记录这些事情一开始是很困难的，但是只要他们能够坚持下去，随着时间的推移，他们就可能会发现事件和抑郁间的关联，就能够学会有意识地去感觉事件的发生，去发现他们的抑郁并不是突然“从天而降”，而是在很多情况下都有其动因。

最好用书面形式进行记录。奥康纳的建议是：“最好每天在同一时间写日记。不要限制自己的思想和感觉，想到什么就写什么。每周翻阅一遍自己写的东西，设法总结出你的感觉模式。”

很多人在年轻时都写日记，有些人还能回忆起每天写日记对他们有多大的意义。写日记是一种自我对话，它可以减轻压力，并能像与朋友谈话一般，澄清很多问题。

本书多处提到了“自我了解”，可能有些读者对“自我了解”不是很重视。很多人期待有“一种方法”可以快速地帮助他们从抑郁中走出来，但只有“自我了解”，知道自己是什么样的人，为何会陷入抑郁，才有可能走出抑郁。

第九节　如何挑战负性思维

既然情绪与思维是相关联的，那么通过改变负性思维就可以改善我们的情绪。上文已经谈到负性思维的特点及如何找到负性思维，本节就重点为大家讲解如何挑战负性思维。

理性思维

理性思维喜欢检验和验证，它不愿受情绪影响而草率下结论。有时，我们的思维受到情绪的影响，自己却浑然不知，一味地沉溺其中，把想象当成现实，把片面的观点当成客观全面的结论。所以，我们要把“结论”看成一种假设，无论你多么“真实”地感到自己失败、无能、不可爱、没有价值，它们也仅仅是假设而已。我们要去验证它们是否真实，是否符合客观实际，看看我们是否过于关注自己的消极方面，忽视了积极方面。

当你因为他人的不赞同而否定自己时，是不是忽略了自己的优点？

当你因为失败而觉得自己一无是处时，是不是忘记了自己以往的成功？

当你因为自己的缺点而自卑时，是不是忘记了人无完人的事实？

当你没有受到某些人的喜爱或关注而感到失落时，是不是在幻想得到所有人的欢迎？

当你因为受到挫折就变得自怨自叹时，是否忘记了生活本来就是充满艰辛的旅程？

“挑战负性思维”应用举例

例一：

A（诱发事件）	B（信念、思维）	C（情绪、行为）
和同事产生矛盾，关系有些紧张	我不会沟通，导致了这样的结果。为什么我总是处理不好这种简单的事情呢？优秀的人想必可以处理好这种矛盾	**情绪**：自责，紧张，情绪低落 **行为**：在人际中更加退缩，不敢表现自己，担心被别人排斥

用理性思维挑战负性思维：和同事产生矛盾是两个人的事，不是我一个人的责任，我没有必要独自承担。就算优秀和成功的人也会出现人际问题，不仅仅是我。有时，就算努力沟通也不见得能化解所有的矛盾，就算我和某人处不好关系，也不意味着我无法和其他人处理好关系，没有必要因此怀疑自己。虽然现在我陷入情绪化推理而无法看清事实，但我要试着倾听理智的声音，而不是一味苛责自己。

例二：

A（诱发事件）	B（信念、思维）	C（情绪、行为）
情绪低落，无精打采，和别人相比缺少热情	被别人发现这样的自己，一定会被看不起，他人会因此离我而去	**情绪**：恐惧，焦虑 **行为**：封闭自己，不与别人接触

用理性思维挑战负性思维：如果别人发现我情绪低落就远离我、不喜欢我，那么他们也不是我真正需要的朋友。每个人都有情绪不好的时候，我没必要逼自己做一个整天快乐的“开心果”，更没必要假装快乐讨好别人。我要搞清楚自己情绪不佳的原因，而不是因此自我否定。

例三：

A（诱发事件）	B（信念、思维）	C（情绪、行为）
失败；事情进行得不顺利；自己的表现不令自己满意；他人比我更优秀	事实证明我是一个失败者，我没有能力将事情做成自己所期望的样子，所以不要白费力气了	**情绪**：绝望，抑郁 **行为**：逃避，不敢继续努力

用理性思维挑战负性思维：一次失败并不意味着我整个人的失败，成功的人也有失败的时候，我又何必和自己过不去呢？在某些事情上我没有达到对自己的期待，但是不是我的期望值太高了？别人比我更优秀，但并不意味着我也要达到他们的高度。“尺有所短，寸有所长”，我没必要总是拿自己的缺点和别人比。从可以努力的地方开始行动，总比一直在自怨自叹要来得好。如果一个朋友失败了，我会如何对待他？是鼓励他，还是说他有多么糟糕和失败？为何我不能像对待朋友一样对待自己？在失败和失意时要鼓励自己、相信自己，这是我需要学习的一课。我要慢慢学会接受真实的自己，就算在失败时也是如此。

用“心”改变

用心，意味着要培养对自己的爱心、同情心、耐心及悟性。改变自己除了需要方法，更重要的是要有一种对自己发自内心的爱与接纳。要把“知道”变成一种属于自己的“感悟”，而不仅仅流于表面。只有这种深层次的转变，才能产生“质变”的效果。如果只是通过“方法”来改变负性思维，很容易因为没有把方法变成内在的感悟，让“改变”不能固化为自己的思维模式。

我们需要把自己当成盟友。自我苛责的人就像自己的暴君，缺乏对自己的爱与同情。所以，我们要像朋友一样对待自己，不能一味纵容内部暴君苛责自己。要想走出抑郁，我们不仅要改变负性思维，也要改变对待自己的态度。如果我们做不到真正地爱自己，不能把自己当成朋友，仅仅对自己进行“冷冰冰”的思维练习，是不会取得理想效果的。

走出抑郁也是学会如何同自己相处、如何爱自己的过程。自己跌倒了，看不到希望了，要给自己鼓励；觉得自己一无是处时，要意识到自己没有那么差；即使全世界都抛弃自己时，也要成为最后一个爱着自己的人。给自己时间，让自己尝试；给自己勇气，让自己前行。

“改变观念”应用举例

例一：

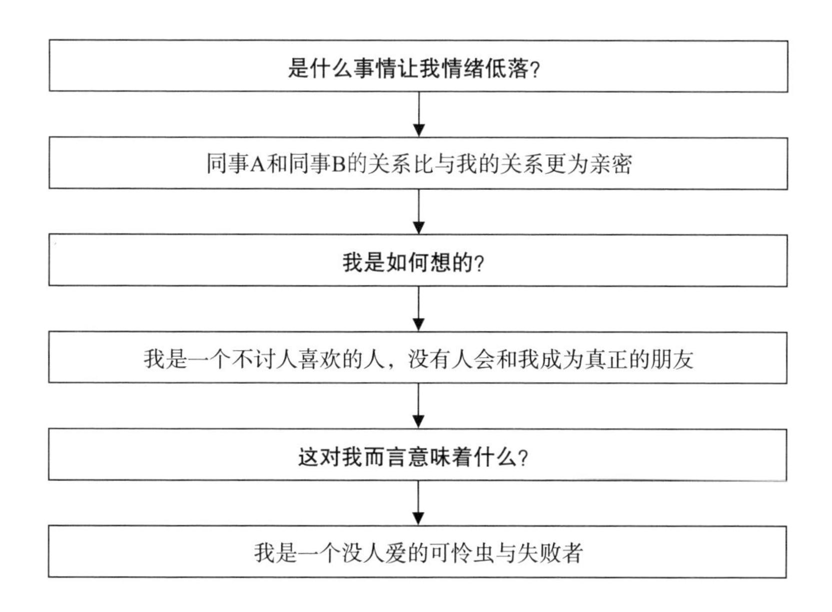

从中我们会发现，例一中的这个人，他情绪低落的原因是其他同事间的关系好，他和同事的关系不够好。他因此就得出“我是一个没人爱的可怜虫与失败者”的结论。在这种自我评价的影响下，他如何能拥有一份好心情？如何能在人际关系中保持自信呢？

负性观念：我是一个没人爱的可怜虫与失败者。

改变观念：他们关系更好，和我不好，这也不意味着我是一个失败者，更不意味着我不可爱，毕竟每个人都有自己喜欢的类型，可能我们不适合做朋友。我没有必要做到让所有人都喜欢我来能证明自己的价值。放弃“贪念”，平静地面对现实，如果我一直抱着“让所有人都接纳并喜欢我”的执念，我将无法客观地评价自己与他人。

例二：

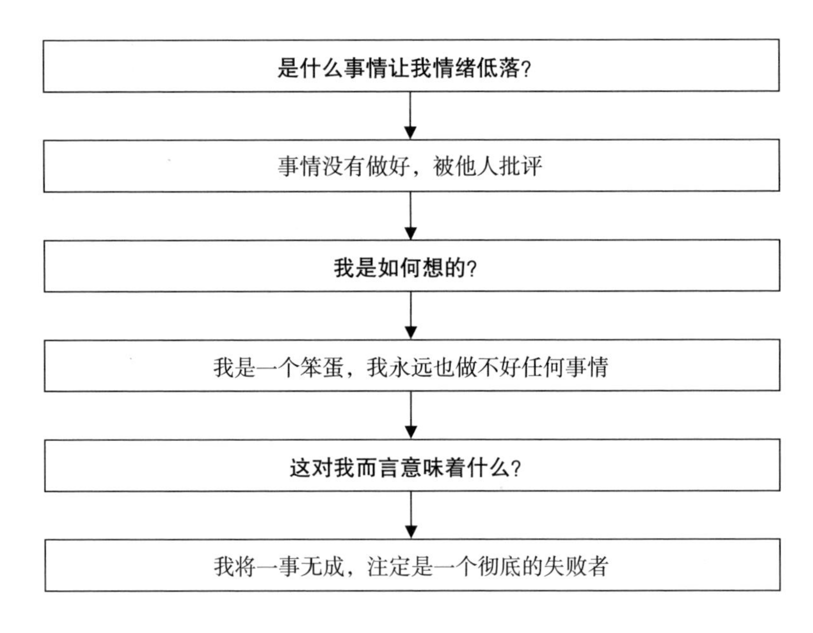

被批评，事情没有做好，就把自己看成做不好任何事情的失败者，未

免过于狭隘与武断。也正是因为这种武断下结论的思维方式，才让我们无法承受失败。

负性观念：我将一事无成，注定是一个彻底的失败者。

改变观念：虽然我表现得不好，没有令他人满意，而且连我自己也感觉自己很糟糕。但“感觉”不代表现实，他人的看法并不能决定我是一个怎样的人。当我受到伤害、受到他人否定时，我不能继续在自己的伤口上“撒盐”。我是自己的朋友而不是敌人，不能和自己过不去。自己不可能把所有事情都做好，要接受这样的事实，而不要用过高的标准苛求自己，这是自我接纳的第一步。

例三：

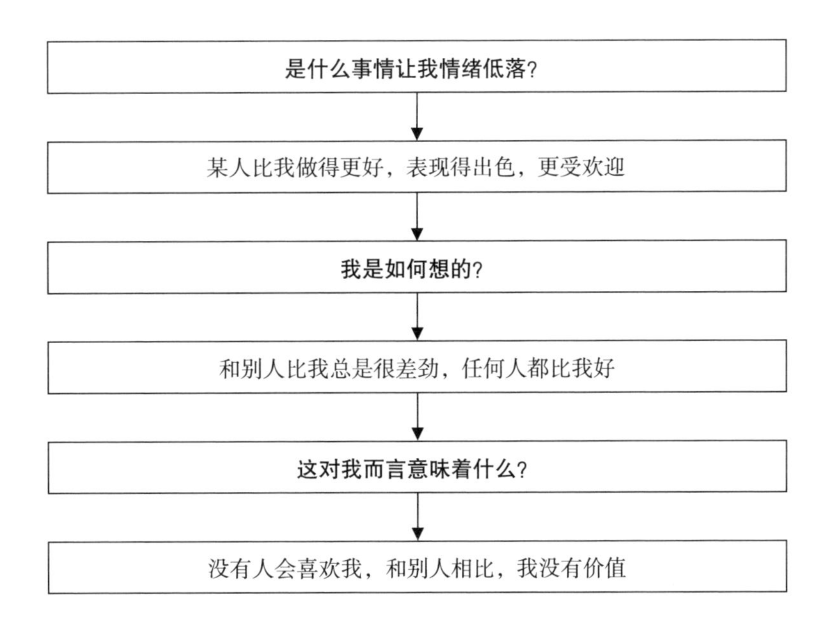

总会有人比我们做得好，表现得出色。如果仅仅因为他人更出色就认为自己没有价值，难道只有成为“第一名”才觉得自己有价值？如果用这种标准衡量，想必这个世上只有“第一名”是有价值的，其他人都没有价值。

负性观念：没有人会喜欢我，和别人相比，我没有价值。

改变观念：做任何事情都会有一些人比我做得好，表现得出色，但这不意味着我是一个失败者。毕竟“人外有人，天外有天”，如果总是和成功及出色的人比，想必大多数人都是失败者。我只是一个普通人，我有能做好的事情，也有不如他人的地方，这很正常。我没有必要把自己逼成超人，也没有必要用超人的标准来衡量自己、否定自己。即使有的事情我做得不好，即使有些人在某些方面比我出色，也不意味着我是一个没有价值的人。人的价值不在于把所有事情做得出色，而在于在自己可以做得好的事情上努力。

例四：

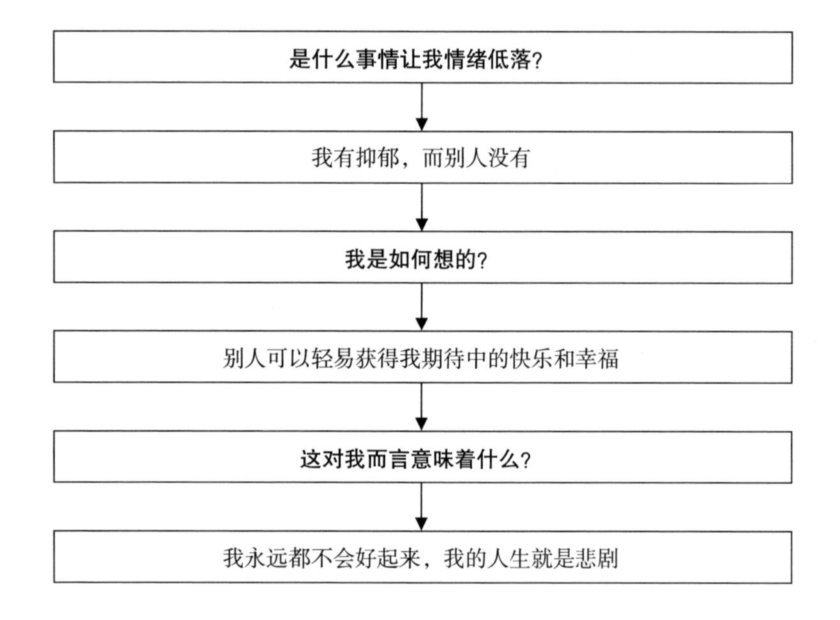

在抑郁的状态下，我们很难体验到快乐的感觉。实际上，别人也不会永远快乐。生活就是这样，总有起起落落，没必要把生活幻想得过于美好。

负性观念：我永远都不会好起来，我的人生就是悲剧

改变观念：抑郁是一种心理障碍，是可以疗愈的，只要肯努力，并发现抑郁的症结所在，总会走出来。所以，现在重要的是弄清生活中什么对自己重要，自己可以从什么地方开始努力。生活不是一帆风顺的，总有各种艰难险阻，抑郁仅仅是我们遇到的众多难题之一。先扛起解决问题的担子，才能去解决问题，而不是在没有开始时就把自己打败。虽然我现在还没有信心会好起来，但只要行动就会产生力量，一步一个脚印，总会达到目标。

实践验证

用行动和实践去验证，总比一味地活在自我中心的思维中来得好。要去发现真相，而不是沉溺于自己幻想的世界中。当我们鼓起勇气面对令我们恐惧的现实时就会发现，其实恐惧并不来自外界，而是一直存在于我们自己的心中。当我们不再被恐惧所困，敢于追求自己所向往的生活，也许就会发现一切并没有自己认为的那么可怕。不跳入水中，是永远无法学会游泳的。人生就是一场冒险，不冒任何风险，生活也注定没有光彩。

如果你认为不善言谈就会被他人否定，那么你就更需要保持本色与人交往，用事实去验证：不善言谈是否真的会受到他人的排斥。当你可以勇敢地走出这一步，也许就会发现：是否健谈并不是决定人际关系成功的唯一因素。当失恋或遭到抛弃时，你也许会怀疑自己的价值，认为是自己不好、不可爱才会被他人如此对待。勇敢地面对生活，也许有一天你会发现自己其实没有想象的那么糟。当你担心自己的错误或缺点会让朋友失望或远离时，可以当面问一下他们真实的想法和感受，也许你得到的回答和自己认为的相差甚远。

因为缺乏勇气，我们丧失了很多机会和可能。很多人没能走出抑郁，是因为他已经活在“妥协”当中，已经习惯了幻想与逃避。在幻想与逃避中可以不面对现实，不面对心中的恐惧，而他为此付出的代价是与抑郁为伍。所以要想真正救赎自己，走出抑郁，就要先鼓起面对生活及内心恐惧的勇气。

第十节　挑战负性思维的其他方法

写信息卡

信息卡技术：准备一些卡片，把经常出现的负性思维写到卡片上，并写上挑战这种负性思维的理性思维。当我们陷入某种负性思维时，就可以用卡片上的内容帮助自己摆脱它们造成的困扰。

李芳是一个稳重、文静的女孩，因为小时候亲戚更喜欢活泼的孩子，她感受到了被冷落。她很羡慕开朗的小孩，觉得他们更受欢迎，也更被大人重视。长大后，朋友们都很喜欢她，她却经常因为自己的稳重和文静而自卑，认为这种性格特点是缺点，是不讨人喜欢的。人际关系和谐时她不会想到这一点，一旦人际关系出现问题，比如和好朋友闹矛盾或在新的群体中不受重视，她就会开始自责，对自己不满意，认为自己比那些开朗的女孩差。她一度对未来很悲观，对自己很失望，后来她为自己制作了下面的信息卡。

我不够活泼开朗，所以没有人会喜欢我

挑战：凡事都有双面性，性格稳重和文静的人虽然不能被所有人欢迎，不容易在新的群体中受到关注，却会给他人一种踏实和值得信任的感觉，从这个意义上来讲，这也是一个优点。当然，会有人不喜欢我这种性格，但我没有必要讨好所有人，不需要让所有人都对我满意，我只要让我喜欢的人和喜欢我的人满意就够了。并且，人是否受他人欢迎，能否和他人成为朋友，也不能仅仅通过“是否会讲话”这一个方面来评判。我需要慢慢接受自己的不足，而不是幻想得到所有人的认可，后者只能让我对他人的评价过于敏感，让自己变得更加紧张不安。

信息卡应用举例

例一：

我是一个失败者，永远都无法成功

挑战：或许有一些事情我没有做到自己期望中的样子，但这并不意味着我是一个失败者。就算我现在没有什么成绩，也不能因此否定自己的价值。“永远无法成功”是一种情绪化的推理，虽然我现在感觉如此，但感觉不代表现实。我也有做得好的时候，不能用感觉否定自己所有的成绩和进步。我是一个容易苛责自己的人，但我要慢慢学会发现自己的长处，并继续努力。克服抑郁需要鼓励，需要坚持，需要给自己时间，而不能一味和自己过不去。

例二：

我是一个没有价值的人

挑战：一个人不可以简单地用有价值或没价值来衡量。虽然我现在情绪抑郁，看不到未来的希望，虽然周围的人好像都比我强，但这些都不是我没有价值的证据和理由。感觉一个人没有价值，并不代表这个人真的没有价值。有时，缺乏价值感是因为对自己的期待过高。平心而论，我是一个有价值的人，只是没有达到自己期望的高度而已。我需要降低对自己的要求，不再用有价值或没有价值来评价自己。

例三：

没有人真正关心我，朋友都是不可信任的

挑战：或许他人没有我想象的那样关心我，但这并不意味着朋友根本就不关心我。“要么朋友是关心我的，要么朋友就是不关心我的”，这是一种全或无的思维，现实中很多事情并没有这么绝对。就算是我们讨厌的人，也不是什么都不好。同样，就算是我们喜欢的人也不会什么都好。或许我们身上有他人不喜欢的地方，而他人有些做法也不令我们满意。判定他人是否真正关心我们或是否值得信任，不能仅仅从一时的情绪或通过某件事就做出判断，而且即使他人真的根本就不关心我，不值得信任，那么我可以慢慢降低对他人的期望，不要对他人提出过高的要求。

敢于冒险

人要从跌倒的地方爬起来，从可以努力的地方开始努力。接受挑战，给自己机会去尝试，去面对未知。

李梦是一个高中辍学的女孩，虽然这次失败的学习经历已经过去了很久，她依然对自己很没有信心。在工作中，她很怕出错，认为出错意味着自己能力差、反应慢，这让她在工作中谨小慎微。她发现自己做得不好、表现得不够出色时，总会担心周围的人看不起她，老板会开除她。为了避免这种情况发生，她会在老板没有开除她之前辞职。这让她丢了工作，却也让她感到安全——自己辞职总比被开除强，总比在他人轻视的目光中灰溜溜地离开来得好。所以“六个月”成了她工作上的梦魇，从离开学校到现在，她没有一份工作超过六个月。

经过一段时间的心理咨询，她选择了“冒险”。在工作中她不再轻易地放弃，无论她多么担心被开除，都不再像过去一样提前辞职。

经过努力，她终于在一份工作上坚持了一年多。她并没有奇迹般地摆脱抑郁，但她找回了工作的信心。

所有挑战都有风险，要做好最坏的打算，不要因为事情进行得不顺利而责怪自己，不要逼着自己一定成功，也不要把失败当成否定自己的依据。敢于尝试，本身就已经是一种成功、一种进步了，很多时候我们是被恐惧所打倒，因为恐惧错过和放弃了很多机会，又因为错过和放弃，我们对自己更加失望，更加抑郁。所以，当我们可以面对最坏的结果，敢于面对失败和不如意，不再把成功当成唯一可接受的结果，我们就会更加自由和自信。

积极的自我暗示

有时用自我暗示来对抗消极思维也会取得意想不到的效果。抑郁时，我们往往“中毒”太深，只能听进自我否定的声音，这种声音更符合我们的“口味”，与之相反的声音则会被我们选择性地忽略。就算有人对我们说：“你很好，很棒！”我们也会把它当成一种恭维或客套，而不认为自己真的就是如此。所以，当我们对自己不自信、对未来绝望时，可以试着对自己说一些积极和鼓励的话，要尽量简短、实用、便于记忆。

- 我可以战胜一切困难！
- 我能一点一点地把事情做好！
- 人要为现在而活，不要为明天而抑郁不乐！
- 我诚实、善良、诚恳、勤奋，所以我是个好人，虽然不完美！
- 有时成功的关键在于：尽管前景不容乐观，我们仍不放弃努力！
- 先扛起解决问题的担子，才能解决问题！
- 只有战胜惰性，人生的问题才会迎刃而解！
- 能熬得过昨天，我就能够熬过今天，没有必要想明天会如何！
- 绝不放弃；绝不，绝不放弃；绝不，绝不，绝不放弃！
- 九层之台，起于累土；千里之行，始于足下！
- 我很好，很正常，一切都很好！

……

当大脑对我说不行，劝我放弃时，我也曾无数次怀疑这些鼓励自己的话，有时也觉得它们是一种自我欺骗。后来我意识到，这不过是看待事物的角度不同，为何我不能从最美的角度来欣赏自己呢？事情在没有结果前总会有成功或失败的可能，为何我不能给自己勇气呢？为何不帮自己一把、反而拆自己的台呢？当我在点滴中取得进步，当我在进步中看到希望，当我从希望中获得力量时，就不怀疑这些话了，它们反而成了我面对困难时的“座右铭”。

第三章

抑郁的深入分析

第一节 抑郁与病态完美主义

上文谈到，人对事物的看法会影响情绪，所以改变负性思维与信念就可以改善情绪状态。但有时，负性思维与信念非常固执，人无法轻易用理智说服自己，这时就需要进一步分析其产生的根源。**真正地了解自己，才能更好地改变自己**。

进一步分析负性思维与信念，就会发现它们很多时候源自人的“追求”——正是因为追求被所有人接受，所以才会过于在意别人的看法；正是因为追求十全十美，所以才会对自己的小缺点耿耿于怀；正是因为追求超越别人，所以才会对自己的失败及不如人之处无法释怀；正是因为追求成为理想中的自己，所以才会对现实中的自己百般挑剔与不满……

负性思维与信念来自“追求”受阻，或者说是对没有实现理想化自我的一种惩罚性自我攻击。只有成为幻想中的自己，达成幻想中的生活状态，他们才能真正停止这种自我攻击。所以，自我攻击有时也是一种逼迫自己达成理想化自我的手段。

以负性信念“如果我做得不够好，那么我就是一个失败者”为例，以前的我只会逼自己做到“足够好”，做不到时就否定及苛责自己，而没有反思这种价值观的错误之处。什么才是“足够好”？这种“足够好”是否过于理想化而脱离现实？是否因为这个“足够好”过于脱离现实，才显得自己“不够好”？当我放弃了对“足够好”的追求，“自己不够好”的感觉才慢慢变淡，我的心态也才慢慢变得平和。

后来我发现，这个“足够好”正是我内部“暴君”的期待，它想把我变成一个没有缺点、受所有人欢迎的“成功者”。而这“不够好”的自己，才是现实中的自己，是“暴君”的“奴仆”。我无论怎么努力都达不到“暴君”的要求，只有放弃“足够好”的幻想，脱离“暴君”的控制，才能真正地同自己和平相处，真正地爱自己——爱这个“不够好”的自己。

有句话说得好：希望越大，失望也就越大。负性思维与信念表面看是自贬，其实也蕴含着巨大的“希望”。比如“只有被人爱，我才是可爱的人”“只有成功，我才有价值”“只有做到完美，生活才有意义”“只有超越他人，才能抬起头做人”“只有不犯错误，才能被他人接受”……这些“希望”来自“理想”与“现实”的落差。例如，一个从小备受苛责或成长过程中有太多创伤性经历的人，心中自然会对现实和现实中的自己产生不满。人的需要没有在**现实**中得到满足，就容易在**幻想**中去满足；对现实中的自己不满，就容易在幻想中创造一个完美的自己。他们会认为：只要自己“足够好”，他人就不会这样对待自己了。

一位女性抑郁者极为在意别人对她的看法，并且容易责任内化（别人伤害她，她不会认为是别人的错，反而认为是自己不够好）。在人际关系中，她总是很善良，害怕得罪人；在做事时，她尽量做到尽善尽美，因为她害怕遭到别人的否定。就算她如此努力，依然每天惴惴不安，怕别人了解她后就会离她而去。她的善良只是为了博得他人的好评。她希望赢得所有人的肯定与接纳，才对现实中的自己如此苛刻，甚至不惜隐藏真实的自己以讨好他人。可悲的是，这种方式反而成了困扰她的问题之一，让她陷入紧张不安。

很多抑郁者在头脑中都有一个理想化的自我形象。他们把自己幻想成一个完美无缺的人，自己就可以接受自己，人生也会变得有意义。他们在无意识中苛责自己，也是一种“恨铁不成钢”的心态。他们一直抱有这种病态追求：变完美、成为没有失败及缺点的人，这使他们形成一种有条件的自我接纳，即“只有被他人肯定，我才能接受自己”。在这种有条件的自我接纳的影响下，他们越来越远离真实的自己，越来越陷入对理想化自我的幻想。

他们之所以不能接受真实的自己，而要逼迫自己成为幻想中的自我？这和他们的成长经历及监护人（主要是父母）有很大的关系。深入分析后，我们往往会发现，他们的父母大多对他们过分苛责与吹毛求疵，使他们从小感受到无论自己如何努力都很难满足父母的要求。

此外，有的父母虽然不那么有攻击性，只是对孩子比较忽视或冷漠，也会对孩子造成严重的伤害。在缺乏爱的环境中长大的孩子，很难意识到这是父母的错，反而会认为是自己不够好，父母才不爱自己。之后他就会更加努力用做得“足够好”博得父母的爱，越发无法接受真实的自己。如果家中有不止一个孩子，而父母更喜欢其中某个孩子，或者其中某个孩子更优秀，吸引了所有人的关注，那么其他孩子就会感到受忽视，就会努力在其他方面取得优势。比如，一个孩子学习好，另一个孩子如果无法在学习上取胜，他也许会对体育或音乐发生兴趣。父母爱的天平过于倾斜，受忽视的孩子就可能通过更加努力、把自己扮演成“懂事”的孩子以寻求父母的关注与认可。为了取悦父母，这时的“他”已经不再是他自己。

还有一种相反的情况，孩子从小过于受关注、重视、溺爱，或太早取得了“成功”，成了周围人讨论的话题、关注的中心。他就会认为自己就应该是“中心”，就应该受到他人的关注，就应该比别人强，就应该拥有高人一等的优越感。这种自负心理一旦形成，他就很难容忍被别人超越，很难接受不再受人关注的事实，也无法面对自己的不如人之处。一旦病态的自负被现实击破，高人一等的优越感难以维系，他“生命的意义”就变成再次找回那个受人关注、与众不同、超凡脱俗的自己。

通过上面的分析，我们会发现，脱离真我，追求理想化自我是一种自我保护的行为。毕竟，一个人没有得到父母（或其他监护人）的肯定与爱，内心就会产生强烈的焦虑与恐惧。而追求幻想中完美的自己，最起码可以带来一点希望——也许成为理想中的自己，就可以得到父母的肯定与爱。渐渐地，这种自我保护的“追求”，变成了内在驱力和生存的最高准则，就算扭曲真实的自己也在所不惜。而在溺爱与备受关注的环境中长大的孩子，维系理想化的自我对他来说不是自我保护，而是“圆梦”——如果自己足够完美，就可以再次找到君临天下、高人一等的优越感。他不能面对现实，因为现实只会让他知道自己并不比别人优越。

有人可能会反问：人难道不应该变得更完美、不应该追求一个更好的自己吗？难道必须接受自己本来的样子吗？的确，一个人应该对自己负责，也应该有所追求，不能混沌度日，但我们必须反思，这种追求的内在动力是发自对事物本身的热爱，还是出于恐惧与逃避现实。如果是后者，这种追求本身就是问题所在：他无法接受现实，又无法达成理想，才成为在理想与现实的夹缝中生存的人，永远无法对真实的自己满意。

所以，解决之道在于：放弃幻想中的完美，放弃病态的追求，接受现实、接受真实的自己，而不是一味把自己变成理想中的样子；接受自己作为一个人的局限性，而不是活在对幻想的追求及对现实的逃避中。

下面我将借用“完美主义”这个概念来详细阐述上述观点。这里的“完美主义”不是指做事情过度认真、在意细节，它更多的是指无法接受与面对现实，过于追求理想化自我，沉浸在幻想的世界里。

先来厘清三个自我概念：理想化自我、真实自我、现实自我。

理想化自我，是为了逃避现实而在内心建立的理想化的自我形象。对个人而言，它是绝对完美的，也是生活的最高标准。但它产生的基石是幻想，而非现实，是一种把幻想当成现实的自我陶醉状态。

真实自我，是个人具有的天赋潜能的一部分，是活生生的，是一个人真正的生命的中心。它使人按照个人的天性及天赋潜能自由、健康地发展，沿着自我实现的方向成长。

现实自我，是真实自我受环境的熏陶炼铸，所表现出的综合状况，它是实际的，是现实的。简而言之，它是真实自我的外在表现。但有时它也会被理想化自我所扭曲：为了达到幻想中的完美，逼着现实中的自己去符合幻想中的形象。

探究完美主义

人生不完美，也不可能完美，我们也都是不完美的人，这就是生活。我们要带着自己的不完美走进不完美的生活，而不是把自己变完美才可以活。因为那一刻永远也不会到来。

每个人都有对生活的期待与向往，正是因为人有理想和目标，人类社会才得以发展和延续。Hope is a good thing，maybe the best of things，and no good thing ever dies（“希望”是件好东西，也许是所有事物中最美好的，而美好的事物永远不会消逝）。电影《肖申克的救赎》中的这句台词道出了希望与追求的重要性。但有些事情是人无法做到的，更做不到完美。当一个人开始追求本不存在的完美，就会坠入深渊。

每个人都有成为“更好的自己”的心愿，但我们也要坦然面对自己的局限，在生活中去追求那些可以实现的，放弃一些非我们力所能及的目标。在这种弹性的努力下，我们有成功，有失败；有长处，也有不足；有朋友，也有不喜欢我们的人；有超越他人之处，也有被他人超越之时；有可以控制的事情，也有超出掌控的事情。当我们在希望与现实中找到属于自己的平衡点，才能把自身的潜能发挥出来，把自己可以做好的事情做得好，同时也可以欣赏他人的过人之处，不会因为自己的失败或缺点而自卑。在这种心态下，我们的努力与追求，就是一种实现自己潜能的努力与追求，是一种兴趣与爱好，而非迫不得已。这样，成功的时候我们会很高兴，失败的时候也能坦然面对；一些事情没有按照我们所期望的方向发展，我们也不会怀疑自己的价值；因为清楚自己的能力与价值，所以也不会恐惧他人的否定；我们敢于表达自己的想法、自己的情感，敢于失败，敢于让他人发现自己的缺点及不足。

由于成长经历的差异，一些人虽然表面上也在追求完美，但既不是为了自我实现，也不是因为兴趣爱好，而是为了维系理想化自我的幻想，满足内心病态自负的需要（所谓病态自负是指：把幻想中的优点集于一身，进而找到一种优于他人及高人一等的不凡感）。这种目的性使他们极其害怕失败、害怕挫折、害怕不可控之事、害怕不完美之处，认为自己必须做到完美，用完美的结果来证明自己的“与众不同”；就算成功了，他们也不会真正拥有成就感，只会有一种“逃过一劫”的短暂放松，要么就是陷入飘飘然的自大。

当“完美主义”成为一种手段时，它就会变成病态的完美主义。抱有这种病态的完美主义的人，要么对自己百般挑剔，要么自以为了不起。他们把“吾必完美”当成人生的最高追求，容不得自己有不如人之处，认为自己应该在任何事情上高人一等。此时“完美主义”便成了他们沉重的枷锁，使他们陷入现实与幻想的矛盾中，迷失真实自我。

达不到理想中的自己会令他们焦虑与恐惧，他们无法接受自己本来的样子，因此不断地鞭策自己向“理想”努力，离真实的自己越来越远。他们会去追求荣誉，追求优越感，产生病态的自负或因为没有达到理想中的样子而自卑及自恨，一步一步地陷入深渊。

当一个人迷失了真实自我，他将不知道自己是谁，不知道自己真正的需求是什么，他会为了摆脱自卑，试图把事情做得尽善尽美，用成功证明自己；他会在无意中去模仿别人，以摆脱这个无能的自己；他会希望和所有人都处好关系，为此不惜委屈自己；他有时也会依附于他认为强大的人，以弥补自己的不足。为了维系自负，他会努力追求成功，不是出于对事情本身的热爱，仅仅是通过做到最好来证明自己卓然不群。他会变得极其宽容或狭隘，“宽容”是为了维系自己良好的形象，“狭隘”是因为他不能容忍被伤害。如果他无法容忍自己的小缺点或错误，那不是因为他爱自己，而是因为他恨自己，恨自己没有达到幻想中的完美。当他无法表现得如自己所认为的那么完美时，他要么会强迫性地努力，要么会选择逃避。

在这种病态完美主义的作用下，一个优秀的女孩可能会因为没有得到他人的关注而焦虑；一个成功的男士可能会因为自己的小缺点而羞于见人；一个优秀的学生可能会因为成绩落后几名而耿耿于怀；一个出色的人可能会因为遇到更出色的人而紧张不安；一个看起来成熟的人可能会因为他人的一点不敬而出言不逊或拳脚相加……他们所有的努力都是在维系理想化自我的幻想，也只有成为理想中的自己才能让自己满意，让自己感到安全。为了这种病态的追求，他们会出卖自己的生活、快乐、需求、爱好，即使自己已经很优秀、很成功、很受人欢迎，他们也依然不快乐，不觉得自己成功，因为他们的目标是如此“远大”，常人眼里的“很好”，也许仅仅是他们心中的“及格”而已。

为了让自己十全十美，不犯错误，他们会拼命地检查、核对、确认，不容许自己犯“普通人”的错误。因为他们幻想中的自己是不会犯错也不会失败的，所以他不允许自己被他人超越、不允许自己被他人轻视。当他们发现自己有失败或犯错的可能时，便会出现强烈的焦虑，这是一种对预期的恐惧，对无法成为“完美的自己”的恐惧。

所以，病态的完美主义与追求理想化自我不是优点、美德，它不是积极向上，不是高远的理想，而是一种幻想。

活在幻想中的人会无力面对现实及现实中的自己，也不敢活得真实。生活对他而言成了一种沉重的负担，他每天都充满恐惧与焦虑，必须时刻逼迫自己努力，一刻也不停歇，他恐惧面对现实，恐惧面对自己的局限性。此时，**抑郁仅仅是一种对无法达到理想中自己与理想中生活的一种绝望**。他一直在奋力挣扎，即使表面上看他是平静的、成功的、优秀的，但内心的挣扎使他成了理想化自我的囚徒。有时他自己都无法意识到这种痛苦的来源，他人更无法理解他的无奈，他好像成了一个孤军奋战的士兵，既孤独，又无望。

病态的完美主义来自理想化自我的幻想，抱有病态的完美主义的人为了把现实中的自己变成理想中的样子，会对自己提出各种不切实际的要求。而理想化自我源自**创伤性经历与维系优越感**，这两点不能截然分开，而是或多或少的问题，下文将更详细地阐述理想化自我产生的根源。

创伤性经历导致的"完美主义"

创伤性经历主要有两种：一种是成长中点滴的负性经历积累；另一种是经历突发性创伤事件，后者的强度要大于前者。这两种创伤性经历都会在一定程度上让当事人产生焦虑和恐惧，而理想化自我就成了消除其内心焦虑和恐惧的方法和策略。但这种策略本身又给当事人带来更大的问题。

童年的成长经历对我们看待世界的方式及内心的安全感影响非常大。试想，一个整天生活在打骂、冷漠、否定、苛责、缺少爱或只有"有条件的爱"（只有你做到我所期望的，我才能爱你）的家庭中的孩子，如何能够自信，如何能够培养起内在的安全感呢？人若缺失内在的安全感，就会产生焦虑和恐惧，无法看到自己作为一个人的价值。但人是"聪明"的，总会想到消除焦虑及恐惧的办法，找到自我肯定的方式，即使这些办法和方式本身是扭曲的。

孩子受到苛责、打骂、冷漠的对待，会很自然地认为"是我不够好，爸爸妈妈才如此对待我，都是我的错，是我惹他们生气"，孩子不会认识到这可能是父母的错，或父母本身就有问题。他会认为"既然错了就要改，只有改正，把自己的问题都解决掉，变成一个更好的孩子，才能让父母对自己满意"，而当他无论如何努力都无法让父母满意时，就会产生自卑感及无能感，来自外在的否定就会变成他内在的自我否定。最后他将迷失自我，陷入不断寻求肯定而无法真正接纳自我的旋涡当中。

他无法认识到这一切并不是自己的错，也不是自己不够好，因此也就不愿表现出真实的自己，他会要求自己必须达到理想中的样子，成为他人眼中足够好的人，这样他才能找到内心的安全感。

人在无力面对残酷的现实时，就容易产生幻想，理想化自我也是幻想的产物。但这不是最悲哀的，最悲哀的是他们会把幻想当成现实，把理想化自我当成“真我”，这时悲剧才真正上演。他们会奋力达到理想化的自我，无法达到时就会自卑；而如果他们在某些事情上真的拥有了自己期待的结果，又会因此变得自负。总之，他们没有自信地接纳真实自我。

世上本不存在完美的人，也没有人能把所有的事情做好，让所有人满意。但内心焦虑与恐惧的人无法认清这样的事实，他们会不断逼迫自己达到理想中的样子，达不到就更加对自己不满，更加抬不起头来。

一位男性患者，他的父亲存在焦虑不安及追求完美的性格缺陷，对他相当苛刻，他从来没有在父亲口中听到过对自己的肯定。不仅如此，他犯错时，父亲会毒打他，而母亲则总是站在父亲一边。就这样，他成了一个“坏孩子”。他被人欺负时，父亲只会说他是笨蛋，而不会帮助他。他只能忍气吞声，从不敢反抗，走路都低着头，好像害怕别人发现失败的自己似的。他也试图改变这一切，试图证明自己。初中时，他试图变成能打架的人，让别人都怕他，找回自信及别人的尊重，但因为缺乏勇气而没有如愿；他曾试图通过谈恋爱来证明自己是有人爱的、有魅力的，但他喜欢的女孩并不理睬他。就这样，最后连他自己都看不起自己，连他自己都怀疑自己做人的价值及能力所在。因为这种自我否定，他把希望寄托于幻想。他一直幻想自己能够与众不同，完美无缺，所以非常在意别人对他的看法，很担心被别人看不起。他试图在他人面前表现好，有时甚至通过说大话来抬高自己以赢得别人的肯定。

但无论他多努力都不能让自己完美无缺，不能让所有人都喜欢自己，他害怕别人发现自己的无能，害怕别人轻视自己，整日生活在紧张不安中。别人无意的一个玩笑，他都会认为是对自己的伤害；别人的一个眼神，都会被他解读为对自己的否定；别人无意中说一句“有病”这个词语，他都觉得是在讲他……最后，他发现无论自己多么努力都无法做到无懈可击，无法让所有人对自己满意，因此陷入抑郁。情绪不佳，犯了错误，或被别人以异样的眼光看待，都令他恐惧。他无法通过获得外在的肯定以消除内在的自卑感，更无法成为理想中的自己。他拼命地找自己的毛病，而这一行为的“潜台词”是：“如果我完美了，别人就会接受我、尊重我，我才能看得起自己。”就这样，他为自己构建了一个理想化自我的形象，但他越是追求理想化自我，就越对真实的自己不满，最终落入自卑与自恨的深渊，与抑郁相伴。不过他也总算可以找到一个借口——“抑郁”让他没能成为理想中的自己。他没有反思，痛苦的根源并不在于抑郁，而在于他一直没有放弃对理想化自我的追求，活在幻想之中而没有接受真实的自我。

生活中的重大创伤性事件也可能成为一个人陷入幻想、逃避现实的原因。

一位男性患者，虽然他已经有了稳定的工作、美满的家庭、帅气的外貌，却依然很容易自责和自我贬低。他一会儿认为自己不够风趣，一会儿认为自己不受欢迎，一会儿觉得自己容易紧张，一会儿觉得自己不够成功，一会儿又觉得别人不够尊重自己……总之，他很少有对自己满意的时候。

他为何如此容易自我贬低？为何对自己要求如此之高，不容自己有半点瑕疵及不如人之处？后来我得知，在他青春期时，他的父亲过世了，他因此承担了很多本不该他那个年纪的孩子承担的责任。这种对现实的无力感让他把自己出卖给了“魔鬼”。他幻想有一天自己“功成名就”，可以在家乡“横着走路”，看扁所有人，甚至报复当年欺负过自己的人，出了心头的“恶气”。他陷入理想化自我的幻想中，由幻想取代了现实，他逼着自己一定要达成理想中的样子，进而迷失了真实自我。他对自己提出了高要求，达不到时就自恨。虽然他已经很努力，日子过得也不错，但是离他的“目标”及“追求”却差得很远。这种因理想化自我而产生的病态追求，让他对现实中平凡的自己非常不满。

理想化自我也是一种自我保护的方式，为了逃避残酷的现实而出现。

一位男性患者，他努力在生活中把自己扮演成“大侠”，生怕在别人面前暴露一点儿缺点，损害自己在他人心目中的形象。他如此恐惧，是因为小时候看惯了父亲和别人的争吵以及别人对父亲的贬低与远离。而父亲对他也是如此，无论他如何努力，都无法让父亲满意，无法让父亲肯定自己。最后他放弃了一切试图讨好父亲的行为而走向了另一个极端——他要成为一个和父亲完全不一样的人，排斥一切和父亲相似的东西。他所有的努力都是想证明自己和父亲不同。任何他人的否定都令他恐惧，因为被否定会让他离父亲更近一步。

他小时候特别喜欢武侠小说，经常梦到自己是大侠。渐渐地，这种幻想成了他对自我的要求，最后他干脆认为自己就应该比别人强，就应该高人一等。

就这样，他远离了真实自我，不敢把真实的自己暴露在人前。他常说的一句话是：“我害怕人！”，因为人会发现他原本的不完美。

一个人若把理想化自我当成真实自我，就会恐惧现实，恐惧现实中的自己。一旦他病态的自负被现实刺穿，他就可能选择逃避，或变得易被激怒，他无法容忍来自他人的一点儿伤害，并很容易耿耿于怀，因为只有这样才能继续维系他理想化自我的完美形象，不至于让病态的自负破灭。

另一位男性患者，从小父母对他很严厉，每次考试成绩达不到父母的要求就要挨打。每次回家，他都会觉得压抑，如果哪次考不好就更害怕回家。在学校里，他也会受到别人欺负，因为胆子小从不敢反抗，而这一切他都不敢和父亲说，如果父亲发现他打不过别人，会打他一顿而不是帮助他。虽然他已经很努力，但依然没有得到父母的认可，没有找到自我价值感。就这样，他一直在自卑中度过了自己的青春期。

后来他上了大学，在大学里偶然结识了一个能打架的朋友，在朋友的带领下，他通过拳头变得很"威风"，用他的话说就是"在拳头里找到了自尊"。他成了一个"小混混"，很多人都害怕他，他也很享受这种感觉。

可惜表面的勇敢并没有给他带来真正的自信。他敢打架，却不敢谈女朋友，他害怕被拒绝。拳头只是暂时让他活在一种通过武力取得的"自信"及自以为是的优越感中，却并不能让他真正摆脱内心深处的自卑。正是因为这种内心深处的自卑及无价值感，他才表现得如此强势，通过强势来逃避内心的脆弱。

在后来的生活中他变得非常易怒，有强烈的暴力倾向。这种行为给他的人际关系及事业带来了很大的伤害，却是他自我保护的方式，让他无力自拔。

当然，这种报复的倾向不一定以如此明显的方式表现出来，有时只是感受到强烈的愤怒与不满。比如，别人和他开了一个玩笑，对他造成了一丁点儿的伤害，或者没有表现出对他足够的尊重，他就会产生强烈的愤怒，而这种强烈的愤怒和报复的冲动同刺激事件本身根本不成正比。就好像蚊子咬了他一口，他就要用大炮轰击蚊子。而即使愤怒已经影响到了他的人际关系，他也很难意识到是他的自负受损而非现实伤害让他如此失去理智。

从上面的分析可以得知，创伤性的经历让患者在内心幻想出全能的理想化自我，之后他所有的努力就成了追求或维系这种理想化自我的幻想，并产生病态的自负与病态的追求，无法面对作为普通人的自己。当他发现自己有失败、挫折及无法改变的缺点时，他会自卑、自恨。虽然表面他表现良好，生活幸福，但内心深处痛苦又孤独。因为他在极力维系两个世界：一个是他人可以观察到的世界，一个是自己内心隐秘的世界。他的心中充满了矛盾冲突，简单来说就是幻想与现实的冲突，这种冲突让他无法享受真实的生活和普通人的快乐。一位来访者说过这样的话："这样的生活就是一种悲剧，曾经觉得别人活得悲哀，但后来才发现真正悲哀的是自己！"

维系优越感导致的"完美主义"

有时，理想化自我来自维系优越感的努力。上文我们谈到，既往的创伤性经历容易导致一个人缺少内在的自我肯定，继而通过达到幻想中的"完美"来应对现实。但事情远没有这么简单，有时孩子得到无微不至的关爱，整天活在赞扬声中，养成唯我独尊的习惯，也是一种创伤性的经历。这样长大的孩子很难接受自己是一个普通人的现实。他会在一生中尽量维系自己的"优越感"，不断寻求一种高人一等的感觉，无法面对他人的否定及不认同，也无法面对自己的失败与缺点。

当然，这种情况也可能来自父母无形的压力，比如父母的态度让他感到"你就是与众不同的，不能和普通的小孩一样"。这种只有做得好才能接受自己；只有比别人出色才能肯定自己；只有一直维系优越感才能快乐的人生信条一旦形成，人就会力图在他人面前表现完美的自己，成为超级演员，把生活当作舞台，把所有人当作观众，而他则无法接受自己的丁点儿瑕疵与不完美之处。如果这种病态自负及优越感无法继续维系，真实的自己暴露在他人面前，或者他无法继续保持完美的形象，他就很可能出现抑郁的情绪。这时的**抑郁其实仅仅是欲求得不到满足的挣扎**。但他却会把抑郁当成自己无法成为“超凡者”的障碍，好像没有抑郁，自己就可以成为无所不能的自己。

李凌小时候在外婆家长大。外婆对别人很苛刻，但对李凌宠爱有加，她的需要，外婆一定会满足。后来她离开外婆回到父母身边。她的母亲是一个极度追求完美又很在意他人看法的人，一旦李凌有什么没做好，她就会说：“你这样，别人怎么看呀？”在妈妈身边，李凌从小都无法放松，很容易焦虑。当然，她也从小一直是妈妈在人前炫耀的资本。她学习好，是老师眼中的好学生，和他人相比，她一直有一种优越感。她渐渐地把自己当成一个与众不同的人，别人对她的关注和喜爱，她认为理所应当。她不会真正关心别人，她只关心自己是否表现得如自己所认为的那样完美无缺，只关注自己是否得到了所有人的关注与喜爱。当她无法再继续保持这种优越感，无法让所有人都喜欢她、无法成为人际焦点时，她变得抑郁了。

受人瞩目，唯我独尊，当然是一件令人愉悦的事情。如果一个人在人生的开始就受到了这种“优待”，这种优越感会让她上瘾。而当她无法继续维系这种优越感时，她不会轻易放弃，她会把自己看成落魄的“贵族”，而不愿承认自己其实没什么了不起，她依然会努力让自己表现得优异，并期待他人的关注与喜爱。如果别人没有如她期待的那样对待她，她会既恨自己也恨他人，同时憎恨这个世界。

她没有认识到这一切都源于她理想化自我的幻想。她会继续在自己身上找原因，认为自己表现得不够优异，他人才没有像她期待的那样对待她，没有以她为中心。这种受人瞩目的欲望如此强烈，她会力图让自己表演完美。虽然她知道自己不完美，但只要别人认为她完美，以她为中心，都围着她来转就够了。

为了达成这一目的，她也许会选择从事受人关注的职业。做什么不重要，重要的是可以让自己变得与众不同、高人一等。

在这种追求的作用下，她很容易对自己不满、自责、自恨，甚至会有自我毁灭的冲动。所以看似光鲜的面具背后其实隐藏着一颗脆弱、孤独的心。理想中的自己一直是她努力维系的，现实中的自己一直是她努力摆脱的，当理想无法抵达，现实无法摆脱时，她就会陷入两个自我的冲突之中，既无法成为受人瞩目的超凡者，也无法逃离这个可怜平凡的躯壳。

如果幸运的话，在很长的一段人生中，她会表现得优异，与众不同，可以继续维系自己与他人相比的优越感。周围的人也会认为她是优秀的、令人羡慕的成功者。但幻想终归是幻想，现实中没有人能永远保持优越感、让别人以她为中心，梦总有醒的一刻。

她的“成就”皆来自对成为一个平凡人的恐惧及成为一个超人的贪婪。如果无法继续扮演“全能的超人”，她就会想尽方法逃避现实，可能会选择放弃或退缩，不接受挑战，不面对人群；也可能会用各种强迫性的方法逼自己继续努力，比如逼着自己在各种场合、各个方面表现出色。哪怕现实是不可能的，没人能在所有的方面做好，她也不会停止这种无谓的努力，她宁愿继续做这个梦，而不愿直面现实。

我们可以很好地理解她为何无法面对自己的任何缺点；为何会因为一次失败而完全否定自己；为何会觉得被人拒绝如此可怕；为何要博得所有人对自己的喜爱及认同；为何会对来自他人的伤害如此敏感；为何会因为一点儿瑕疵就隐藏自己，怕别人发现……因为她无法面对真实的自己，无法接受自己只是一个普通人的现实。

为了不让理想化自我在现实面前“融化”，病态的完美主义者会在各种各样的事情上努力，即使这些事情对他而言并没有太多实际意义。例如，他为了能在写字上超越他人，会不停地练字；虽然他不热爱做主持，但因为做主持会受人关注，所以也热衷于此；虽然没有文艺潜力，依然逼着自己多才多艺；他舍己为人，目的不是为了他人，而是为了维系自己在他人心中的“好人”形象；他轻视别人，表面却非常谦逊，只为了让自己看起来更有“素质”；他要求自己在他人面前表现得无懈可击、滴水不漏，不是因为对方有多重要，而是他不允许自己有不完美之处……所以，就算他有爱好、有追求、有理想，却都不是为了满足自己的真实需要，仅仅是维系理想化自我的手段而已。所以他极其容易焦虑——担心自己达不到自认为“应该”达到的完美。

当然，这种完美主义的标准也会外移，他也会用这种标准衡量别人，当然也包括心理咨询师。只要发现别人没有做到，他就会对他人及这个世界失望。但问题不在于他自己不够好、他人不够好、这个世界不够好，而在于他一直用一个“足够好”“足够完美”的标准判断自己与他人。任何违背他“追求”的东西都会令他恐惧，他也很难对自己及他人满意。

从上面的分析得知，当一个人把理想化自我当成真我，把想象当成现实，他就无法面对自己只是一个普通人的事实，无法面对这个不完美的世界，也很难看得起“普通”的他人。他所有的努力不是为了满足自己的真实需要，而是为了维系病态的自负，以此证明自己与众不同，以此来满足理想化自我的期待。所以，即使他拥有令人羡慕的工作、美满的家庭、优越的经济条件、出色的外表形象、良好的学历，他都不会真的幸福。因为他抱有成为超人的追求，所以他不会关注自己哪里足够好，只会关注自己哪里不够好，成了一个“悲观主义者”。

第二节 病态完美主义的表现

病态要求:“应该”和“必须”

所谓病态的要求，是指当一个人被自负驱力驱使时，他会对自己、他人及这个世界提出各种不切实际的要求，比如“我不能失败；我不能被伤害；他人必须尊重我；这个世界要绝对安全”……就算这些要求是人类无法达到的，他也不会从实际出发意识到它们根本不可能实现；就算他意识到了这些要求根本不可能实现，他也依然无法放弃。

病态要求更多的是以明显或隐含的“应该”和“必须”表现出来的。比如“我必须成功；我应该苗条；我必须开朗；我应该与众不同；我不应该有缺点；我不能比别人差；别人应该喜欢我；我应该把一切掌控在自己手中”……

在这种“有它，才能有我”的信念下，病态完美主义者付出了巨大的努力，达不到时就会陷入抑郁。此时，抑郁本来可以阻止他徒劳地浪费大量时间和精力去做他所达不到的“应该”，但同时抑郁又成了一个新的“应该”：我不应该抑郁，我无法容忍抑郁。就这样，他一步一步陷得更深。

一位女性来访者，她在人际关系方面存在严重困难。和别人在一起时，她不会关注那些喜欢她的人，而会把所有的注意力都集中在那些不关注她的人身上。有时，其他人聊得开心，也会引发她的焦虑，她会试图成为谈话的中心，但越这样做，别人越觉得她很怪。与和熟悉的人在一起相比，同陌生人在一起反倒让她舒服，因为和陌生人在一起，她可以“表演”得很完美。这些反常背后隐藏着她病态的要求：所有人都必须喜欢我、关注我，我就应该是人际关系的中心。达不到这种“应该”，她就开始怀疑自己的价值。

病态的追求与正常的对美好生活的追求有着本质的不同，前者的动力是“恐惧”，后者是“自发”。恐惧导致的病态的“必须”，不只表现在一个点，而是表现在整个面上，几乎任何事情都可能成为他关注的焦点，引发负性情绪。例如，虽然他不是歌唱家，但当有人唱歌比他好，他就无法接受；虽然他不是书法家，写的字没有期待中那么好，但他非得拼命练习；虽然他不是装修工人，却也会为不会装修自家的房子而对自己愤怒。

正常的需求则表现为对自己喜爱的事情有所追求，这种喜爱是一种真实自我的需求。而病态的“必须”表现为对结果的固执追求，认为事情的内容不重要，重要的只是结果，所以必须“赢”，只有赢的结果才能满足其自负的需要。如果结果不令他满意，就算是随便玩玩的游戏，他也会“不赢不罢休”。只要与理想化自我的“口味”不符，都会引发他的“应该”。当口才、外貌、身材、能力、人际、表现等没有达到“应该”时，他不会注意到自己已经取得的成就和成绩，只会盯着这些“不够好”不放，并且会因为这些“不够好”而自卑及自恨。

一位女性来访者经常周期性情绪崩溃，她无法从日常生活中体验到快乐感，常常处于焦虑与抑郁中。

我们试图寻找她不快乐的原因，她可以列举很多，比如没有考上理想的学校，没有找到好的男人，没有成熟的外表，不如身边的一些人有能力……当我指出普通人也会有不足，而且她还拥有很多人不具备的优点（比如，她上的大学虽然不是最好的，却也是国内很好的大学；她虽然长得不成熟，却甜美可爱；她虽然有一些学科不太擅长，却聪明伶俐）时，她总是说：这些优点不重要，重要的是我那些不足。当我继续追问她：“普通人都可以接受自己的缺点和不足，为何你不能接受？”她答道：“我就是不能，我不能过着和普通人一样的生活，我也不能接受我和普通人一样，我必须功成名就才能接受自己，我必须与众不同才能肯定自己。”

我终于找到了她不快乐的原因——不是她拥有的太少，而是她想要的太多。正是因为她心中一直存在病态要求——“我要超越所有人，比所有人都强，不能和普通人一样，不能过普通的生活”，才让她无法平静，无法活得轻松。

这种“应该”还体现在患者对自己无法控制之事的恐惧上，尤其是死亡，当他发现死亡不在他的掌控之中时，会变得异乎寻常地恐惧和焦虑，这种恐惧和焦虑慢慢地泛化到生活的各个方面：比如也许会恐高，害怕控制不住自己做出“傻事”；害怕黑暗，害怕任何影响建康的东西；害怕惊恐发作（一种急性焦虑发作，有濒死感，但没有生命危险）和任何超出自己控制能力的事情。最后他宁愿躲在家中，也许只有家才是最安全的。即使意识到这种恐惧已严重限制了自己的生活，他也无法“越雷池半步”。

越是对小概率事件恐惧，越表明一个人的病态要求有多强烈；越是要求一切都在自己的掌控之中，人就越害怕那“万一”的可能。

种种的“应该”集合起来，就好像是一部个人的“法律”。每个人的表现都不尽相同，有人以成为“最好的”自诩，有人以成为“最纯洁的”自夸，有人以成为“最友善的”自豪，有人以成为“最慷慨的”“最健谈的”“最完美的”自欺。

一位女性患者，她遇见自己不喜欢的人会恐惧，恐惧的原因是，害怕他人发现自己不喜欢对方。因为这和她内在的“法律”不符，她一直试图把自己扮演成“友善”的人。

一位男性患者，明明知道有的钱借出去是有去无回，妻子也经常为此和他吵架，但他还是乐此不疲，就算吃了亏也不允许妻子说出来。他宁愿活在自己的谎言中而不愿面对现实，因为他一直在扮演一个“慷慨”的人，一切和他这种内在“法律”不符的东西都会被他无意识地忽视。

一位好学生，从来不当着同学的面努力学习，因为这不符合他内在的要求——像他这么“聪明”的学生，是应该不通过努力就可以学得好的。

在这种个人化的独特“法律”的作用下，有人表现得极为“善良”；有人表现得极为敏感，斤斤计较；有人表现得极为谦逊；有人表现出“火爆脾气”……满足了这些“应该”组成的内在“法律”要求，他才可以找到一种高人一等的优越感，才可以维系理想化的自我形象，维系骨子里的“高傲”。所以，他的“守法”真可谓是“大智若愚”。

可悲的是，一个人内在的“法律”也存在着冲突。

一位男性来访者，既想挣很多钱，又担心自己挣的钱“不干净”，他还没开始工作，内心焦虑就已经蔓延。有时，“人为己”的需要会和他“大公无私”的“应该”成为矛盾，而他无法同时满足这两种需要时会不安。

另一位来访者，经常为了生活中的一些小事焦虑。领导让他多干了一点儿活，他会焦虑好久：一方面害怕自己受到欺负；另一方面又担心拒绝了别人会使自己在他人心中的形象受损。他很难同时满足既“不吃亏”，又“不得罪人”这两种病态的要求。和他关系一般的人求他帮忙，也会让他焦虑。因为：不帮，他会认为自己是自私自利的人，帮，又担心自己被人利用。对他而言，是否帮助别人这样简单的问题却是一个充满矛盾的难题，他会强迫性地想好久，陷入无法自拔的焦虑之中。

如果我们细心思考就会发现，焦虑源于害怕自己犯错误、做错事、说错话，且犯错后无法原谅自己。犯了一点儿“错误”就无法原谅自己的“潜台词”是：自己不能犯错误、不能说错话、不能做错事、不能受欺负、不能得罪人……什么人可以做到这些“不能”呢？没有哪个普通人能做到。正是因为病态的自负者不是用常人的标准，而是用“超人”的标准来要求自己，才会如此在意生活中的点滴小事，并为了小事焦虑不安。

当然，一种神经症需要与另一种神经症需要，总会有一个占上风，但有时患者也会陷入两种神经症需要的冲突中无法自拔。这时生活对他来说就像是“战场”，他总要为别人都不担心的事情担心，总要为不值得关注的事情而焦虑，总要为对他人来说顺理成章的事情而烦恼……因为内在的不同的神经症需要之间的冲突，真我需要与神经症需要之间的冲突，就会让他焦头烂额。

一位男性来访者，经人介绍认识了女友，两个人感情非常好，他非常爱她，但得知她不是纯洁的女孩后，他无法接受，却又不忍心和她分开，因此陷入了抑郁。这种情绪严重影响了他们两人的关系。他知道自己不应该在意这种事，但就是控制不住自己的情绪，因此陷入是否该分手的内心纠结中。

经过分析得知，他的内心冲突就是真我需要与神经症需要之间的冲突。我们暂且认为“爱对方”是他真实的需要，“要分手”是因为他无法面对女友不纯洁，不符合他的神经症需要。其实，在生活中他对自己的要求也非常苛刻，并把自己“塑造”得很纯洁。如此“纯洁”的他，当然“应该”找一个纯洁的女友。所以女友是不是纯洁并不是真正的问题，真正的问题在于他对自己与他人提出的病态要求。他无法接受现实和他的期待不一致。

有时，为了平息这种矛盾，患者也会选择“鸵鸟心态”（遇到危险时，鸵鸟会把头埋入沙堆，以为眼睛看不见就安全）来逃避现实。例如前文提到的那位好学生，为了避免失败，他会选择不努力学习，这样，就算失败了他也可以给自己找个台阶下。为了不面对现实，他宁愿活在谎言中，不让自己看清真相。

一位男性来访者，他一直在家人和朋友面前扮演“好人”的形象，自认为吃亏是福。结果他不停地吃亏，如果别人提醒他，他会非常愤怒，他的理由是：“你不说我挺舒服，你一说我就难受，所以你还不如什么都不说，让我蒙在鼓里。”他不是没发现自己在吃亏，而是不愿看清这样的事实。不然，他一面扮演好人，一面还不得不面对别人并不领情的现实，这对他的“应该”是一种讽刺，所以他宁愿自欺。

当病态的"应该"控制了一个人的生活，他就会缺乏作为人的自由及情感的自发性。他"善良"，是他"应该"善良；他喜欢社交，是他"应该"受人关注；他追求事业，是他"必须"成功。"应该"控制他的程度和他的幻想成正比，他越陷入理想化自我之中，越分不清自己的"半斤八两"，"应该"的控制力就越强大。这时他的生活就已经不再是真实的生活，而成了完全被"应该"所奴役的生活。更可悲的是，他还会为这种被奴役的生活找各种理由辩解，继续维系这种被奴役的生活。

例如，一位大学生怀疑父亲有外遇，因此陷入严重的焦虑，因为他的"应该"不容忍自己家庭不完整；他想买一个平板电脑，但他顾虑重重，因为他不想"伤害"那些经济条件不好的同学；他发现自己的洗漱用品被别人碰过，便不敢再用，因为他"应该"绝对安全，不受伤害……即使已经被这些"应该"束缚得像穿了紧身衣一般，他依然拿一些冠冕堂皇的理由来支持这些"应该"，比如责任感、善良、重感情、孝顺。他就是不愿承认自己仅仅是被"应该"奴役，并通过履行这些"法律"来维系其病态的自负而已。

若患者在现实中无法实现"应该"，就会转而将其投到幻想或梦中。

一位来访者每天睡觉前都会幻想自己如何成功、如何伟大，有时还会做不停飞翔的梦，或梦见自己是大侠。当现实终于让他意识到，他不能达到"应该"，不能遵守自我的"法律"时，他就陷入自卑与自恨中，恨自己没有达到"应该"。但他总有一天要意识到：一味逼自己达到"应该"，才是他一切痛苦与悲剧的根源。

自卑与自负

一个人陷入理想化自我的幻想时，会把理想化自我当成真我，对现实中的自己提出各种“应该”的要求。若无法达到这些要求，他就会陷入自卑与自恨中。他痛恨现实中的自己，或者说他从来都没有把现实中的自己当成自己，他的理想化自我才是他口中的“真我”。他一直试图找回“真我”，所以才会如此憎恨现实中这个“无能”的自我。

他看不起自己，也瞧不上别人。因为无论自己还是他人都没有达到“应该”的要求。他也有崇拜的人，但这些人不是历史人物就是名人政要或被他美化的人。他的自卑来自现实中的自己没有达到理想中的样子，而他的自负是因为在他幻想的世界中自己是完美的、独一无二的。很多时候他都会在自卑与自负中摇摆。他不敢放弃对理想化自我的追求，还有一个重要的原因，那就是害怕自己跌入自卑的万丈深渊无法自拔。他自卑时，幻想中的“完美自我”好似救生艇一样，让他暂时轻松一些。

其实，无论是他的自卑还是自负，都不来自现实，而来自幻想。他的自卑完全不符合现实：毕竟没有人能永远成功，没有人能没有缺点，没有人能不受伤害，没有人能永远超越他人及被他人认同。如果因为没有达到这些而自卑，只意味着他用来比较的“参照物”有问题。同样，他的自负也缺乏坚实的基石，所以这种自负极易受损。为避免自负受损，他会逃避现实，也会扭曲现实，并体验到强烈的预期焦虑。心理治疗要做的是揭穿他的自负，而不是继续维系他的自负。则开始治疗时他会抱有强烈的“希望”，当发现治疗与他“希望”的方向相反时，他又会对治疗进行强烈的阻抗：**他对一切破坏自己自负的事物都异乎寻常地恐惧**。预期到自负可能受损时，他会产生焦虑。例如，一个擅长打羽毛球的人在比赛前的一个月就开始焦虑。一来，他害怕失败；二来，他害怕自己的缺点暴露在众人面前。而一旦他的自负受损，他又会产生愤怒和报复心理，例如有些人玩在线游戏时输了，就想摔键盘。

自卑并不只是低人一等的感觉，强烈的自卑会转变成自恨。自恨会演变成一种自我攻击，表现为自我折磨。明显的自我折磨是“自残”，而隐含的自我折磨则是一种“堕落”的生活方式：会从事明显低于自己能力的工作，也会故意自甘堕落，不去履行对生活的责任。在高处或面对尖锐的物品时，还会突然产生伤害自己的想法。这种想法会把他吓坏，殊不知这种自我毁灭的冲动就源于他的自恨，源于他无法面对现实中的自己这个“陌生人”。

自负来自一个人的幻想，而不是现实中他的成绩或优势，就算他有一定的成绩或优势，也不足以维系他高人一等的优越感。

一位男性来访者，小时候他妈妈是村里的干部，他家在村里比较有权威。他 10 岁时母亲因病过世。之后，他的家境就衰落了，他从此开始幻想自己有朝一日飞黄腾达，再次找回当年的优越感。为此，他总是试图在各方面超越他人。现实中他并不比别人优秀，不过他依然很“自信”，总可以找到自己的“好”来打败他人。比如，他的妻子毕业于知名大学，他却认为妻子没有文化，不如自己看的书多，不如自己优秀；别人比他擅长社交，他就认为自己学历高，能力强，不需要社交；别人比他长得好看，他也不服气，认为自己在修养上更胜一筹……其实，他的“自信”仅仅是不愿承认自己是普通人的事实。

一位大学生在感情上总是不顺利，因为他会不断地寻求新的目标。一旦对方接受他，他就对对方丧失了兴趣。他在乎的不是拥有，而是征服，只有这种感觉才能维系其病态的自负。

每个人的自负来源不一样，有人以不被他人伤害来维系自负；有人以“善良”让自己与众不同；有人以成为“第一名”而高人一等；有人以征服一切拥有君临天下的感觉。根据自卑与自负在一个人整体情绪体验中的比例，我们可以大致把患者分为两类：**病态自卑者**与**病态自负者**。

病态自卑者一直在追求成为幻想中完美的自己，却一直没有实现，他会清楚地意识到现实中的自己远非自己理想中的样子，于是在幻想与现实的落差中、在“应该”和达不到的矛盾中陷入自卑。如果说他有自负，也只是短暂的自负。在生活中他更多的是羡慕别人，羡慕别人的身材、成功、能说会道、受人欢迎。他也会幻想成为他人的样子，集很多人的优点于一身，只有这样才能让他摆脱自卑。

病态自负者则已经沉迷于理想化自我的幻想中，已经把自己当成了幻想中的“千里马”与“白天鹅”。当然，他也许并不承认自己自负，但他的行为却暴露了他的“追求”：他几乎在所有事情上都追求高人一等、君临天下的感觉；对自己所有的缺点及不完美之处都异乎寻常地恐惧；所有他无法控制的事情都会让他莫名的焦虑。只有当现实击破他的幻想时，他才会自卑，但他总能找到办法来逃脱自卑：要么选择逃避，要么拼命地改造现实，有时也会用“阿Q精神”自欺欺人。所以病态的自负在他的情绪体验中占主流，他所有的努力都是为了维系自负，维系理想化自我。

但我们也必须认识到，这种划分方法仅能看到二者表面的区别，而非本质的不同。毕竟，无论病态自负者还是病态自卑者，根源都在于理想化自我的幻想，只不过外在表现有所不同而已。

病态自卑者被诊断为抑郁的可能性更大，因为他存在严重的自贬与自我攻击，当然情绪不会好到哪里去；而病态自负者更可能会被诊断为社交恐惧、强迫或焦虑。因为他已经活在完美自我的幻想中，只需要维系这一幻想即可。“强迫”是他继续挣扎维系理想化自我的手段；“恐惧”与“焦虑”则是自负即将被戳穿时的情绪体验。从中我们会发现，区分病态自负与病态自卑其实对治疗来说意义不大，仅仅是叙述方便，而非本质的不同。发现患者内在的驱力、内心的矛盾与冲突、如何活在幻想而非现实中，对治疗有着更为重要的意义。

放弃：逃避生活

放弃、逃避、退缩、依赖、缺乏勇气，是抑郁者常见的表现。这种表现表面看起来产生于现实中的挫折与失败，根源却依然来自内心的“战争”。

抑郁者会表现出逃避工作、逃避人际交往的倾向，有时连应对日常生活都成了问题。逃避也会以“病态依赖”的形式表现出来：患者只有在依赖的对象身边才能部分地面对生活，离开依赖的对象什么都做不了。一开始，逃避会令他感觉好一些，起码可以少一些自我挣扎。但逃得了一时却逃不了一世，这是一场来自内心的战争，就算逃避了所有人、所有事，都不会终结。这场战争的根源在于理想化自我与真实自我的矛盾。正因为理想化自我无法实现，而真实自我又无法被自己接受，他才一直在两个自我的矛盾中挣扎。开始时他会奋力地摆脱真实自我，以实现理想化的自我，当这种挣扎在现实面前变得苍白无力时，他就会慢慢变得自卑与自恨。他既无法放弃幻想，又无法面对真实自我时，就会用逃避现实来让自己“心安”。毕竟他自己都无法面对“丑陋”的自己，又怎敢让别人发现？所以逃避也是维系理想化自我的一种手段。

缺乏对真实自我的接纳，有时也会外移（把自己内心中的想法投射到他人身上），他觉得没有人会喜欢这样的自己，也没有人会接纳这样的自己，以自己这样的面貌去见人，一定会被他人伤害或抛弃。总之，在这种外移的作用下，他可以找到很多支持自己逃避的理由。比如失败、他人的否定、现实的艰难等。但逃避并不能解决这场内心的战争，只会带来更多的失败与挫折感。逃避的时间越久，他就越没有勇气面对生活与真实的自己。

逃避往往有三种类型：**显著的逃避**、**隐含的逃避**、**病态依赖**。

显著的逃避　这类逃避者明显地逃避人际、逃避生活，最后可能会生活在一个人的世界里，只有不得不与人交往时，才勉强为之。他们几乎放弃一切努力与尝试，一切都离他太遥远，只有痛苦是如此真实。他们好像身处一个人的孤岛，别人很难理解他们的感受，这种被隔离的感觉又会加重他们抑郁与绝望的程度。他们想做点什么，却不知道做什么对自己有帮助，只能任凭自己被痛苦与绝望一点一点吞噬。

一位刚上大四的女生，因为恐惧和他人交往，害怕别人发现自己的缺点，想休学一年。她知道问题就出在自己身上，却企图通过逃避来解决问题，幻想休学一年后一切问题都会自然消失。但就算她逃离了学校和人群，依然感觉不到安全，待在父母身边也无法放松，只有在一个人的世界里才能获得短暂的平静。逃避并没有让她解脱，反而强化了她的恐惧，让她更加无力面对现实。

隐含的逃避　这种逃避，不细心分析则很难发现。例如，可能会把不谈恋爱解释为宁缺毋滥；把不交朋友解释为看透世态炎凉；把不追求理想解释为脚踏实地……虽然他从大众接受的道德观与价值观中找到了很多的观点支持自己的行为，但究其根源依然是逃避。

一位女性患者，她为了帮助丈夫经营公司辞去了自己的工作。因为她管理公司过于严苛，遭到了一些员工的反感和抵触。她的雄心和热情受到了严重的打击，常梦到公司管理的难题。为了摆脱无时无刻不在的焦虑，她离开了丈夫的公司，但之后一直找不到合适的工作。因为她在找工作时给自己设了很多限制：小公司不敢进，因为自己的工作方式不适合；与管理有关的职位她不敢问津，也因为觉得自己不适合。表面上看她很有自知之明，深入分析后发现，她的“自知之明”不过是在逃避失败，逃避现实对自己自负的打击。正是因为自负，她对公司的管理才过于严苛，觉得这样可以避免失败；也正是因为自负，她才无法容忍工作中的挫折，把焦虑带到睡梦中。

“逃避”有时也表现为用强迫性的行为回避现实：因为害怕疾病，不断地检查以排除患病的可能；因为害怕被他人超过，不停地逼着自己努力，不能容忍自己的丁点儿错误与失败；因为害怕亲人离世，不停地远离自认为“不吉”的东西。一切行为都在逃避一种必然的现实，以降低内心的不安及焦虑。

在心理咨询工作中，我发现有这样一类来访者，他们给人最深的印象不是高傲，而是超然。他们可以和别人一样正常地工作、生活，却不愿陷得太深。他们害怕自己被他人及这个世界“污染”，一直努力在这个“污秽”的世界中“出淤泥而不染”。就算他们身边有朋友，朋友也绝不能走进他们的心；就算他们有爱人，他们也仅仅是为了履行责任才和对方在一起；就算有工作，他们也绝谈不上热爱，只是把工作当成维生的手段……他们对这个世界失望，对人类失望，有时也对自己失望，他们或许物质生活优越，但精神上非常孤独、痛苦。他们有时会用酒精麻痹自己，有时会通过肤浅的娱乐来逃避。他们也很难承认自己有心理问题，只有因对一些具体事件的态度同家人发生强烈冲突时，才会被逼迫着来做心理咨询。在咨询室里，他们依然会为自己辩护，责怪家人妨碍了他们的“自由”和“独立”，即使他们的“自由”与“独立”把他们置于孤立的地步。他们的“超然”让人觉得和他们在一起有距离感，好像他们是“坠落人间的天使”。其实，他们仅仅是用“超然”来逃避现实及无能为力的自己。

病态依赖 这类逃避者会通过依附更强大的个体，“狐假虎威”。这也是维系理想化自我的手段。这样做，他们就可以把对人生的责任推卸到别人身上，不再为自己的人生负责。在治疗中，我发现一些来访者过度依赖爱人，甚至完全是病态的依赖。比如，没有爱人的陪伴他们就无法独自生活，什么都做不了；没有爱人，他们就觉得生命的一切都失去了意义。他们嘴上说这是“爱”，但这种爱却被他们的神经症需要扭曲，成了一种病态的依赖。这也是隐含的逃避，逃避现实中自己作为一个人的局限性，依然是在维系幻想中的世界与自己。

几乎所有的逃避都是因为缺乏面对现实的勇气，但他们也总能为自己的缺乏勇气找到“合理”的借口。显著的逃避者会找各种现实中的理由：别人都不喜欢我；我做不到“真正”的自己；别人会伤害我，排斥我；我还不够好，等我足够好的时候再说。

隐含的逃避者“智商”更高，为了避免自负受损，就算逃避，也能为自己找到“合情合理”的理由。不努力学习，会埋怨考试制度不公平；不敢冒险，会自诩“踏实”；不具备某种特质，会轻视这种特质；不努力和他人处好关系，就说自己是“不同流合污”……

病态依赖者很少会反思自身的问题，当被依赖者没有如他所想的那样温柔体贴地对待他时，他就会认为对方不够爱自己。有时，感情已经没有继续维系下去的必要，他还会为了“永恒的爱”而抓住对方不放。他也会试图把被依赖者美化，只有这样，“爱”才能带给他更多的力量。在这种病态依赖的作用下，他不知道什么是真正的爱，不知道自己到底喜欢什么样的人。只要对方有坚实的“臂膀”，能为他负起人生的责任，他就会去“爱”。所以他极其担心被对方抛弃，如果被对方抛弃，他就会变成一个没有价值、没有力量的“空壳”。

试图用逃避来解决内心的冲突，只能让内心的“战争”变得更加激烈。因为，**逃避的是现实中的自我，维系的是幻想中的自我**，两个自我的战争会因此更加激烈、不可调和。若两个自我的战争无法停息，所有试图消灭真实自我的努力都不会奏效，所有试图达到理想化自我的尝试都将以失败告终，此时人会产生更强烈的自恨。

深深的自恨

我已经受够了这个世界，也受够了自己。我帮不了，也救不了我自己，我觉得最对不起的人就是我自己。我无法帮自己完成愿望，没办法使自己快乐，没办法使自己成功，我想好好爱自己，好好爱别人，但这一切我都无法做到。我恐惧死亡，真的很恐惧，可是我活着是为了什么？没有目的，没有方向，也没有快乐，我只是活在紧张不安与恐惧中。我真的很想救自己，很想很想……可是我一个人真的无法做到，没有人可以帮我，没有人能理解我孤独的感觉，我也不知道如何与别人接触了。

——一位患者在抑郁发作时写给自己的信。

有些人处于抑郁之中时会有自我伤害的行为，这种行为反映出他的自恨。对现实中的自己越憎恨，理想化自我就越遥不可及，他就会越绝望，对自己的身体也会越残忍。他一直活在理想化自我的幻想中，没有把现实中的自己当成自己，所以才对现实中的自己视而不见，甚至恨之入骨。在他的意识中，现实中的自己是达到理想化自我的障碍，是让自己无法过上想要的生活的原因。

起初，病态自卑者往往会花费大量的精力来“改造自我”，这种改造几乎包含让他感到自卑的所有方面。比如，因为内向而自卑的人，会拼命表现得外向、健谈；因为朋友不够多而自卑的人，会努力地多交朋友；觉得自己不够成功的人，会拼命追求他所期待的成功……任何他所厌烦的，他都努力改变；任何他不愿见的，他都努力隐藏。比如，他会试图隐藏自己的紧张不安，隐藏自己的不快、脸红，隐藏失败，隐藏愤怒……隐藏任何让自己不安的东西。他活得很不真实，他也不敢活出真实的自我。因为他认为真实的自我太失败、太猥琐、太无能、太不可爱、太容易受到别人的排斥与否定。就算有时他“成功”地改变或隐藏了自己所痛恨的某些特质，获得了暂时的兴奋与骄傲，好像战胜了抑郁，但这种状态不会持续很久，毕竟一个人不能在所有方面成功，也不可能把所有方面变成自己期望的样子，不可能掩饰所有不愿面对的缺点或所谓的缺陷。当他终于认识到自己无法成为心中期望的自己时，就会再次陷入深深的自卑与自恨中。这时，他又会重复上面的步骤，以期待奇迹的出现，期待自己的情绪神奇地好转。

当所有的挣扎与痛苦都无济于事时，他的挣扎就会转变为对现实中自己的否定。当这种自我否定积累到一定程度又会发生质变，上升到自恨。他恨的是现实中的自己无法变成自己理想中的样子，恨的是现实中的生活并不是他想要的生活。当他无法改变现实中的自己，也无法达到自己所期待的生活时，他就会陷入更深的绝望。当然，此时他也会有一丝幻想，认为是抑郁让自己无法随心所愿，让自己如此“失败”。他只能幻想“没有了抑郁，一切都将变得不同”。

在第一阶段挣扎未果的情况下，他慢慢变成一个屡败屡战的将军。垂头丧气，没有动力再进行大规模抵抗。当他意识到无法改变自己，也无法从抑郁中脱身，无论怎么努力都无济于事时，因自卑产生的改变自己的动力会变弱，接着自恨就会接管“帅位”。当然这不意味着他就放弃了对理想化自我的追求。但不断的失望会带来深深的绝望，绝望会加深他自恨的程度。

一开始，他内心中尚存希望，想“赶走抑郁”而成为理想中的自己。渐渐地，越无法实现，就越挣扎；越无法实现，就越痛恨自己、痛恨抑郁……

其实抑郁状态下的人内心深处并不想伤害自己，却因为无法摆脱对现实自我的恨，在“矛盾”中继续伤害自己。虽然他内心深处无法放弃对未来美好生活的向往，无法放弃深爱自己的亲人和朋友，但内心的矛盾与挣扎使他无法平静，只有身体上的痛苦及放弃这一切的想法才能让自己暂时感到好受一些，所以有时他们会伤害自己。现实的自己（一个连自己都仇视的失败无能的人）与理想中的自己（有能力，没有缺点，足够好的自己）的冲突，使人无法退出这场无休止的战争。当这两股力量的对抗达到白热化的程度，人就会从逃避失败的现实与失败的自我，转向“消灭”现实中的自己。这也是一种“解决法”，却是一种被逼无奈及最“笨”的解决法。消灭自己可以停止战争，同时也会丧失生命中最重要的两样东西：**“爱”与“希望”。所以一定还有更好的选择**，不是消灭现实中的自己借以停止战争，而是要对交战的双方进行细致的分析。

其实，这场战争的起源在于：无法接纳现实中的自我，不停寻求遥不可及的理想化自我。陷入这场战争的人往往存在一种“不识庐山真面目，只缘身在此山中”的思维狭隘性，一直努力改造现实中的自我，以便其达到理想中的样子。此举行不通时，他就会选择逃避或自毁的方式以停止战争，而不去反思问题到底是出在哪儿，比如，有没有可能，正是因为自己过于贬低与苛责现实中的自我，又过于美化理想中的自我，才使自己陷入绝望？如果是这样，是不是可以放弃对理想化自我的寻求，去接纳现实自我？

对立双方中的一方消失了，内心中的战争就会停止。放弃对理想化自我的执迷，接受现实中需要关爱的自己，你会享受生命带来的礼物：爱与希望！

下文将更详细地向大家介绍如何接纳现实中的自我，摒弃理想中的自我，让人不因为对理想化自我的执迷与幻想而痛恨甚至伤害现实中的自我。一些来访者不会立即同意我上述的观点，可能因为“中毒太深”的缘故吧。他会固执地认为：理想中的自己才是真正的自己，才是真正可以给自己带来幸福与美满人生的自己，现实中的自己是丑陋的、无能的、无用的、不可爱的、失败的、无颜见人的，你怎么敢让我放弃理想中的自己？如果我放弃了，生活将如何继续？并且最重要的是，连我自己都看不起这个自己，又怎能让别人接受？我又怎能心甘情愿地面对这个“残缺的自己”，以及因此带来的“残缺的人生”？这样的自己与生活，如何能让我自信与快乐，如何能让我拥有他人的尊重与认可呢？

他们会找出无数理由反驳我的观点，因为对现实自我的“仇恨”太深，对理想化自我的执迷，以及为了达到理想化自我已付出了无数努力，他依然会固执地“宁为玉碎，不为瓦全”地战斗。“玉”代表着理想中的自我，而“瓦”则代表现实中的自我。患者没有反思，“玉”真的存在吗？“瓦”真的没有一点价值吗？有没有可能自己一直在一场本无法取胜的战斗中苦苦坚持，也许在原点就错了，所以，以后的种种努力才会让自己更加远离真我，而非找回真我。本书全篇都在讲找回真我，但这个待我们找回的真我其实是“瓦”而不是“玉”。当我们可以接纳“瓦”，“瓦”在我们的努力与爱护下，也就可以焕发光彩。而一味追求“玉”，最终将无所得！

所以停止这场战争的关键点在于战略思路的转变：放弃对理想化自我的寻求，接纳真我。

迷失自我

人把幻想当成现实时，会不知道自己是谁，将走向何方；人陷入两个自我的战争中，就会迷失前进的方向，失去情感的自发性及生命的活力，所做的一切都成了“被逼”，而非“自愿”。也许某一天照镜子时，他对镜子中的人也产生一种陌生感。突然有那么一刻，他会不知道自己是谁……

真我　它有独特的秉性、爱好与追求，它是自发的，流动的，随性的。它可以面对失败，可以面对不如意，也可以面对自己的不足。它是真实的，稳定的，可靠的。它不需要用成功或金钱来包装，也不需要用结果来证明。它就是它，它可以做自己喜欢的事情，爱自己所爱的人。它不必赢得所有人的喜爱，它也可以面对他人的否定。毕竟做自己喜欢的事情，爱自己所爱的人已足够，又何必奢望太多？所以大多数时候它是平静的，不表演完美，不刻意赢得他人的肯定与关注。生活中，它很少会被焦虑恐惧所困，虽然它也会有嫉妒的情绪，但不会因为嫉妒而逃避，不会因嫉妒而改变自己的发展方向。它的努力仅仅是为了实现自己的潜能，而非为了高人一等。

理想化自我　它只关注结果，关注不完美之处，关注是否高人一等。它固执、僵化、没有弹性，所以它不能面对失败，必须用成功来武装自己，它不能有缺点和不足，宁愿掩饰也不愿看到现实。它非常在意别人的看法，非常担心被他人否定与超越。它会在金钱、品德、成就、是否被所有人喜欢等方面找出高人一等的“元素”。它一切的努力不是自发的，而是被逼的，因为它必须维系“不凡”。为了这最高的目标，它宁愿舍弃生活中点滴的快乐、自己本来的愿望、真实的需要。它活得很累，还经常受到焦虑、恐惧、抑郁的折磨。

当一个人陷入对理想化自我的追求或捍卫时，就不再知道原本的自己是谁，也不愿看到现实中的自己。他可能表现为不喜欢照镜子、照相，因为他认为自己“不上像”，事实上是，镜子或照片中的自己和幻想中的自己差距太大。

迷失了真我也就迷失了**希望与爱**。爱与希望的迷失，会让一个人活在空洞的生活里，虽然他努力前行，内心却充满空虚与孤独。他看似勤奋，实则被逼无奈；看似执着，实则因为恐惧；看似平静，实则内心起伏不宁。他在这种虚假的生活中等待着奇迹的出现。殊不知，奇迹就好像海市蜃楼般缥缈，痛苦的根源不是奇迹没有出现，而是他一直没有脚踏实地活着。

下一步我们要探讨如何找回真我。但切记，找回的是真我，而不是理想化自我。而且，只有放弃自我（理想化自我），才能找回自我（真我）。

第三节　如何摆脱病态完美主义

停止战争：摒弃理想化自我

“荣誉是权力、威势、胜利……的综合物。在理想化自我形象的笼罩下，心理症患者为了满足强迫性的需要而热心于对荣誉的追求，迷失于幻想中。而且，只当他们误将幻想当成‘真我’，只当他们出卖自己的灵魂——真我时，他们才能得到此种荣誉。因此，荣誉的追求通往了痛苦的心灵。”

——卡伦·霍妮

人们内心的挣扎来自两个自我（真实自我与理想化自我）的战争——只有停止这场战争才能找到内心的平静。误把理想化自我当成真我，会产生病态的自负，进而延伸出病态的要求。自己无法像想象中那样完美时，就会出现自卑与自恨。

内心战争起源于两个自我的冲突，而逃避者不恰当的解决方法与努力方向最终让这场战争升级为“全面战争”。他所有的努力都是为了维系理想化自我，逃避真实自我。就算来做心理咨询，也是希望心理咨询师能够帮他插上“翅膀”达成理想化自我。比如，我在患病期间，一直希望有一个人，一双手，帮我从抑郁中解脱出来，找回自我。但我那时期望的自我，就是理想化自我，而非真实自我。幻想中的我能说会道、受人欢迎、非常成功，但可悲的是，我无法摆脱现实中的自己，无法成为理想中的样子，一直在两者的夹缝中生存。所以，治愈的关键在于接纳真实自我，摒弃理想化自我，停止两个自我的战争。

病态自负者的内心战争更多地来自逃避现实以捍卫理想化自我，而病态自卑者的内心战争更多地来自不停地追求理想化自我。虽然两者内心战争的根基都是两个自我的冲突，但侧重点不同。病态自负者已经把自己当成“白天鹅”，所以无法接受也不能面对自己是一只“丑小鸭”的现实；而病态自卑者虽然知道自己现在是一只“丑小鸭”，却梦想成为“白天鹅”。他抱着幻想不放，又无法实现幻想。身边的人告诉他没必要自卑，没必要看不起自己，但他无法听取别人的话，无法看到自己足够好的地方。

病态自负者要想停止内心战争，关键在于重新进行自我定位，知道自己是谁。病态自负者往往不能接受失败、缺点及被别人贬低，甚至在某些方面比他强的人面前都会倍感压力。也许他的朋友大多过得不如他好，这看似偶然，实则必然，因为这样的情景才让他放松，找到所谓的“自信”。如果这个世界真的以他的欲望为中心，他所有病态的要求都得以实现，他就真的自信了吗？自信的人，真的都能心想事成，随心所愿吗？其实就算他真的实现了，他也不会变得自信，而仅仅是一种病态的自负与狂妄自大而已。虽然如此，他依然不会轻易放弃，毕竟，放弃就意味着理想化自我的幻灭。所以他会想尽办法来维系其自负，而不愿面对现实。

一位男性患者，高考失利后他没有放弃，而是选择了自考。自考了两年只通过一门科目，他也没有放弃，因为他的自负让他无法接受自己不是研究生的现实。他屡败屡战，虽然每天看书时他根本就看不进去，还要求自己“必须”完成“伟大”的学习计划，其实他根本做不到。学习时，他的头脑中充满了各种幻想及担忧，他会幻想在异性面前表现得如何多才多艺，担忧自己会突然忘记所学的一切，害怕别人说他是假装学习。他根本就不喜欢学习，只是为了计划而计划，为了坚持而坚持。因为缺乏对当下所做事情的喜爱，他的计划大多失败。他如此执着，仅仅是不至于让自负在现实面前崩溃而已。

所以，只有摒弃这种对理想化自我的捍卫，放弃一切维系病态自负的努力，才能找回真我。他口口声声说找回本来的自己，而问他本来的自己是什么样的时候，他回答说：“开朗、乐观、有精力、受人欢迎，起码要2/3 的人喜欢我”。他做不到每天都精力充沛；他不能每天都很健谈；他还没有受到 2/3 的人的肯定与欢迎，但他认定现在的自己是需要“修改”的，认定只要回归了本来的自己，生活就充满了阳光。殊不知，他一直在寻找的依然是理想化自我，毕竟没有人能永远开朗乐观、精力充沛。而且，自我接纳与肯定也不是建立在得到大多数人肯定的基础之上。

病态自负者需要放弃对理想化自我的坚守，打开“城门”让现实涌进来，而不是活在幻想中，维系“自负城堡”。一位来访者告诉我，经过几年的努力与治疗，他原以为自己好了很多，现在看来其实并不是，仅仅是找回了一些自负而已，所以他生活的重心依然是“守城”，守着这个幻想中的

“自负城堡”。真正的治愈，只有在打开“城门”的那一刻发生。“现实，这可怕的现实！”现实虽然可怕，但却真实；真实的自己虽然有限，但却自由；幻想的世界虽然完美，却只是一种内心的夜郎自大而已。维系幻想的世界，整个人终将被各种病态的要求与“必须”所束缚。虽然自负地生活在幻想的完美中会让人飘飘然，有成瘾般的快感，但这一切却以丧失个人的自由与成长为代价。

病态自负者一直在“守城”，阻止现实冲进他的“自负城堡”；而病态自卑者则是在不断地“攻城”，攻进那幻想中的“完美城堡”，好像只要拿到“完美城堡的门票”，一切痛苦就不存在了，一切自身的缺陷都会消失，生活就会变得平和美好，他就可以拥有梦寐以求的“自信”。病态自卑者在现实中备受煎熬，他拿不到“完美城堡的门票”，会更多地体验自卑而非自负，他的自负只是表现在“当我……的时候，我就会不一样”，好像他变成另外一个人，也就是进入“完美城堡”时，他的自卑就会一扫而光，生活也就没有了挫折与失败。他既看不起自己，也看不起那些和他一样不够完美的人，**因为他的自负隐藏在自卑深处**。

至于具体的建议，对病态自负者，我会说：“放弃‘守城’，放弃维系病态自负的种种努力。”对病态自卑者，我会说：“放弃‘攻城’，这个世界并不存在你所期望的理想国，生活中会有痛苦，我们都不完美。如果执意把自己变成理想中的样子，只会离真实的自我越来越远，加重自恨，恨这个无法摆脱的现实及无法改变的自己。总有一天你会被自卑与自恨的旋涡淹没，由于这种内心的战争已经超越了现实，超越了人的局限性，所以注定失败。”

病态自卑者难以停止内心挣扎的原因有两点：一是难以放弃对理想化自我的追求；二是无法接受真实自我。

所以要解决这个问题，第一个关键点在于认识到自己的“追求”是多么的非理性。

一位男性抑郁者总是期待自己表现出男子气概，无法接受自己有任何软弱的表现，而表现出他所期望的男子气概，他又担心被别人看穿，被人发现他只是伪装大象的老鼠。一个人怎能永远表现出男子气概，永远不被别人伤害呢？这种追求本身就超越了现实。但他却举出很多身边人的例子证明自己的要求不过分。当被问道：“是否有人满足了你所有的期待？”他陷入了思索。

他不是和真实的人比较，而完全是同想象中的自己比较，并找到很多理由来证明这种比较的正确性。比如，性格不开朗怎么能有朋友？不表现出男子气概如何能得到别人的尊重？不聪明怎么能成功？没有学历怎么能有好的工作及生活？没有足够的魅力怎么能找到理想的爱人？如果不可爱，怎么能被人爱？这些“理由”虽然来自生活和“主流”的价值观，却是被他用来为自己病态的要求服务的。是否交到朋友不在于你的性格是否开朗；有没有男子气概与是否受尊重也不是一件事；现实中很多不聪明的人成功了，“聪明人”反被聪明误……所以问题不在于自己是否有缺点和不足，而在于总是和自己的缺点过不去、和自己较劲、因为没有成为理想中的自己而对自己的苛责。认识不到这种病态的追求，就很难从自卑与自恨中走出来。

第二个关键点在于接纳真实自我。在第二章“抑郁的初步治疗”中，我用了大量篇幅来说明思维与情感的关系，也详细介绍了打败负性思维的方法，其实所有同负性思维对抗的训练，目的都在于接纳真实自我。负性思维与信念是一种因理想化自我而导致的对真实自我的否定，我们要停止这种自我否定，接纳真实自我。当你因为失败而认为自己是失败者时，要试着温柔地告诉自己：这个世上没有永远成功的人；当你被人拒绝与否定时，要坚定地告诉自己：这就是现实，没有人能得到所有人的肯定；当你觉得自己不够完美时，要平静地对自己说：完美只是一种自欺欺人的幻想，要放弃幻想回归现实，不要因为幻想而否定现实中的自己……

由于内心的战争，患者既不敢面对现实，也不敢面对真实的自己。他一直活在虚幻的世界里，并竭尽全力地逃避现实，因为现实只会打破他的幻想。但不敢面对现实，不敢活得真实，就永远无法摆脱无形的枷锁，就永远无法找回真实自我。

现实：敢于面对，不再逃避

人在陷入理想化自我的幻想中时，会无意识地逃避现实和现实中的自己，刻意表现得好。而努力表演完美的自我也是一种逃避，说明他无法面对本来的自己，不敢让人发现真实的他。社会主流偏好开朗，他就会努力多说话；社会主流偏好成熟、稳重，他就会装深沉、扮老成……若他无法做到心中所期望的样子，就会选择逃避，以免暴露于现实，被现实的洪流冲破其幻想中“完美自我”的形象。有些人为了逃避现实，不工作、不恋爱、不交友，甚至还找出很多理由来证明自己的行为有多么“明智”。

除了上文谈到的逃避方式，逃避有时还会以拖延和懒惰的形式表现出来。一些患者不敢努力，因为不努力，失败了可以给自己找到台阶下：不是我不行，而是我没有尽力。而另一些患者，因为很难实现心中的“应该”，他们不得不拖延，不得不懒惰，因为一旦去面对现实，就无法自欺了。

一位男性抑郁者，从小学习成绩非常好，以优异的成绩考上了重点大学，可谓是一帆风顺。大学第一学期，他没有像在高中时那样努力学习，过得比较放松；第二学期，他还以这种状态学习，结果在期末考试中两门课不及格。家人非常担心他，给他打电话敦促他好好学习，但他却好像一头没吃饱的牛，总是使不上劲。后来他不及格的科目越来越多，甚至面临留级的危险，他也非常恐惧这一点，但是他好像游离于生活之外，这一切似乎都是别人的事，他依然不紧不慢，不能完成最基本的课业。最后，他留级了。按理说，留级后他总该知道努力了吧，谁料留级后，他依然优哉游哉，又有好几科不及格。其实他并不是一个懒惰的人，也不是不喜欢学习，而且他很要强，甚至可以说野心勃勃，他从小就幻想过上不平凡的生活，能不断地成功，过着不断改善的生活……但他的野心和他的行为极不匹配。

经了解得知，其实他过去就存在逃避的行为：一旦什么做不好，就不再做，只有一直做得好的事，他才会坚持做下去。比如，过去他打球打不好，就不再打球。但这次学习遇到了挫折，是他无法放弃的，但他又不愿面对现实，因此，他的“懒惰”只不过是一种逃避——逃避失败的结果及被人超过的现实。他逃避了现实，可以继续维系自负。

病态自负者选择逃避是因为害怕自负受损，而病态自卑者则是不敢面对真实的自己。相比之下，病态自负者幸运一点儿，因为他总能找到各种理由为自己的逃避与失败开脱，维系理想化自我的幻想；而病态自卑者逃避时几乎无法找到借口为自己开脱，因此变得更加自卑与自恨。所以病态自卑者更容易绝望，绝望来自他一直都没有达到他的“应该”。

任何治疗方法都需要有“明知山有虎，偏向虎山行”的精神，也就是说，必须面对你所恐惧的和想逃避的现实。逃避只能强化恐惧，而不会真正消除你内心的恐惧，只有直面现实，才有希望打破自负的枷锁。很多人为了维系理想化自我的幻想而放弃了自由、放弃了真正属于自己的人生，他们因为太害怕失败，太害怕被他人否定，太害怕被发现自己不如人的地方，太害怕受伤害，太害怕不确定性，宁愿选择生活在幻想中。

只有让现实的洪流冲进幻想的城堡，推翻内心的这种专制，他们才能获得真正的自由，真正做到摒弃理想化自我而回归真实自我。而现实是促成人改变的重要媒介。虽然在面对现实时可能会体验到强烈的焦虑及恐惧，但推翻理想化自我的“统治”，需要“流血”，而这一点恰恰体现为人面对现实时会紧张、焦虑、恐惧与不安。但要摆脱抑郁，就不能一味逃避这些负面情绪，而是要勇敢面对。

有人会说：“我面对过，并没有逃避，可我依然被恐惧、焦虑所束缚，情绪依然没有得到根本的好转。”这不是“面对”的错，在“面对”时，你对自己提出了怎样的要求，你是否要求自己成为人际关系的中心？是否要求自己表现得完美无缺？是否要求自己受人欢迎？是否要求一种绝对的安全感？还是要求自己超越所有人？面对就是面对，不要期望通过“面对”来实现心中的“追求”！普通人不会任何时候都表现良好，不会受到所有人欢迎，也不能活在绝对安全的世界之中。当你真的摒弃病态自负时，负面情绪才会慢慢变少。情绪是需要的反应，放弃不切实际的“需要”才是解决情绪问题的根本。

有些人也在努力面对，却在面对时抱着一种“战胜”的态度，期望通过“面对”改正“缺点”，进而受到所有人的关注，摆脱人类局限性的束缚，而一旦没有“战胜”现实，就会选择逃避，甚至连“面对”的勇气都没有了。

一位害怕当众讲话的抑郁者，对自己的这一特点选择了勇敢面对，而且面对得很彻底：为了摆脱对演讲的恐惧，他跑到公交车上演讲，还举办个人演讲会，通过帮助他人战胜对演讲的恐惧。其实这些行为都提示着他没有接受"自己也会紧张，也会恐惧，也会有不足"的现实，他只是通过"面对"去掉自身的"缺点"。这种努力必定失败，毕竟他逃不过现实。

对害怕不好的事情发生在自己身上的人来说（如害怕生病、害怕晕倒、害怕惊恐发作、害怕死掉等），要么选择逃避，要么面对，但也仅仅是为了证明不好的事情不会发生在自己身上，试图通过"面对"为自己营造一个安全的、确定的、完美的世界，这种努力显然会无果而终。这种"无果"，错不在"面对"，而在他的病态追求。不放弃病态追求，他将永远无法领会"面对"的实质：**面对自己需要去面对的，是一种人生的责任，而非达到病态要求的手段**。

一些人会扭曲"面对现实"。虽然没有逃避社交，却力图表演"完美的自己"，以赢得别人的肯定，他活得已经不是真实的自己了，这种"表演"也是逃避现实、逃避真实自我的努力。这种"面对"脱离了面对现实的本质。面对现实的本质表现在两个方面，即面对真实的生活与活出真实的自己。所以，把自己表演得完美，也不是面对真实的世界。毕竟在真实的世界里，没有人能得到所有人的肯定，也没有人会完美无缺。

无论理想中的自己如何完美，我们都需要摒弃，而不是继续坚守或追求。越是坚守或追求理想自我，就越会迷失真我。我经常告诉来访者的一句话是："要知道自己的斤两。"意思是要知道自己是谁！为何对自己提出超乎实际的要求？一位患者羡慕某人开朗，认为某人学历高；某人婚姻好……他不是在和这个人比较，而是拿自己和所有人的"好"比较。我问他是否愿意和某个具体的人调换，比如，同事A或朋友B。他的回答是“不愿意”。因为他崇拜的只是对方的某一点，而不是整个人，就算他变成那个人，也绝不会对自己满意。

无论现实如何残酷，真实的自己如何“失败”，我们总无法逃避。虽然逃避可以让我们暂时感觉轻松，不必面对“失败”的自己，并可以继续维系理想化自我的幻想，但从长远来看，它不是好的解决方式，只会让问题更加严重，无益于终止我们内心的战争。**人总逃不过现实，面对现实是疗愈抑郁的重要一步！**如果连面对现实的勇气都没有，将永远无法停止两个自我的战争。而当一个人可以面对现实时，他离“真我”就近了一步。**但要切记：“面对”不是维系自负的手段，仅仅是做人的基本责任。**

不再“表演”，活出真实的自己

人受病态自负驱使，活在理想化自我的幻想中时，会恐惧表现出真实的自己，恐惧面对真实的生活，任何失败都是他难以容忍的，任何缺点都是他不敢暴露的，他会尽力在他人面前表现完美，一旦表现不好就会拼命地自责与自我否定。

因为担心来自他人的否定，他会力图把事情做到尽善尽美。为了表现出高尚的品质，他会表现得很“宽容”，即使这种宽容已经损害了他的个人利益。他也会表现出崇高的道德感，甚至谈了恋爱而没有结婚，都会被他认为是玩弄异性。表面看他是成功的，别人也觉得他是一个很好的人，但他活得并不轻松，且会活得痛苦，他为了一直表现好，为了给他人留下好印象，付出了太多——自己的自由、对生活本身的热爱、大量的时间，同时也忍受着每时每刻的焦虑。他无法一直成功、出色、完美，但他要力求一直表现完美，所以会逼着自己去完成根本就不可能完成的任务。

一位女性抑郁者，她在生活中总刻意和身边的人保持亲近，她觉得这样别人才不会认为她是不受欢迎的人。所以她交朋友，不是因为喜欢对方，而是因为恐惧被别人否定，对她而言，朋友仅仅是证明自己是“正常人”的配件。在生活中她不敢说错话、做错事，每天活在紧张不安之中。走路时她不敢抬头挺胸，害怕被别人关注，害怕被别人发现她的紧张和不自然。有时，她也想抬头走路，却又担心别人因此觉得她和以前不一样，认为她在伪装。在比她优秀的人身边，她更为紧张，总是试图“打肿脸充胖子”以证明自己不差。甚至在咨询室中，她仍然放不开，不敢说心里话，害怕影响她在我眼中的形象……只有在独处时，她才能卸下“面具”。生活对她而言已经成了沉重的负担。她“追求”超越所有人，博得所有人的认同，任何阻碍她这一“追求”的东西都会让她恐惧，所以她很难接受自己会脸红、紧张、不健谈、手抖、口吃的缺点。

此类抑郁者往往会用喝酒来掩饰脸红，用故作镇定来掩饰紧张，用多讲话来掩饰不健谈，用逃避发言来掩饰口吃与手抖……但，越掩饰，越拘谨；越恐惧，越紧张。最后他只能选择远离人群，逃避社交。

他们每天都在“表演”——病态自负者是为了维系自己“超凡”的幻想，病态自卑者是为了改造真实自我、追求理想化自我，虽然在表现上有所差异，但在“表演”上却有着惊人的相似性。他们都会力图表现得完美，力图做得出色。

一位男性抑郁者在睡午觉时从来都是脸对着墙，并把被子盖在头上，因为他害怕别人看到他睡梦中的表情不够完美。他也从来不敢拍照或在网络上上传自己的视频，如果他不能以“最美的一面”示人，他就会选择逃避。有时为了维护自己苦心经营的良好形象，他也会把自己真实的想法隐藏起来。他很少和别人讲心里话，害怕别人发现真实的他。他整日都在“表演”，虽然很累，但他被自己的欲望所驱使，无法自拔。

病态自卑者会比较多地体验到伪装感，因为他总是力图做得完美，但又总是无法做到，偶尔做到便又担心别人发现他在伪装，所以内心的痛苦与挣扎更为强烈。为了让别人看得起自己，他会力图表现完美，但这也很容易使他变得焦虑，担心别人发现真实的他并没有他所表现得那么好。有时，因为他过于自贬，就算他努力获得了成绩，就算他真的具有比较强的能力，他也觉得不值一提；就算别人认为他可爱、漂亮、有能力、成功，他也不相信。其实，他的自贬来自他把真实自我和理想化自我对比，而非他真的如此糟糕。并且，别人也没有在欺骗他，而是他一直用理想化自我的形象来蒙蔽双眼。

一位女性来访者的经历让我记忆深刻。一次她去相亲，发现那个男人很优秀，回到家她问爸爸：“他都那么优秀了，干吗还需要找老婆？”她爸爸很奇怪她为何会问出这样的问题。而她会如此问的真实意图在于：一个人既然已经达到了期待中的完美，可以胜任一切、面对一切，可以解决一切问题，又何必要找一个女人共同生活，岂不是多此一举？

这反映出两个问题，第一，她过于美化理想中的自我；第二，她过于贬低真实的自我。在她看来，成为理想中的自我就可以一切顺利，一个人解决生活中的一切难题，而现实中的自己只能依赖他人而活，只有得到他人的肯定才有价值。

由于她过于贬低真实的自己，就算有人爱上她，她也不会感到幸福，只会体验到更多的焦虑，害怕对方有一天发现她原本是一个不可爱，也不值得爱的人，会抛弃她，离她而去。所以她说话时，会尽力揣测别人的喜好，说别人喜欢听的话，好像要把自己扮演成“知心姐姐”。她几乎没有了自己的个性，似乎自己的想法不重要，他人的想法和需求才是最重要的。但这样做的结果却是，她越来越无法在人际中体验到快乐，越来越活不出真实自我。如果她的朋友和别人更亲近，她就会担心朋友不再喜欢自己，接着便会自我怀疑，担心是不是自己哪里做得不好。所以她害怕孤独，也害怕人际矛盾。

对真实自我越憎恨，就越会美化理想化自我，对真实自我的憎恨与对理想化自我的美化成正比，所以她发出“他都那么优秀了，干吗还需要找老婆”的疑问也就不足为奇了。

病态自负者体验到更多的不是伪装，而是焦虑——担心自己发挥不出能力，达不到自认为可以达到的目标。他整日“表演”却浑然不知，任何可能会暴露其不完美的东西都会让他紧张不安。就算他在喝多酒时和别人开了几句玩笑，事后他也会紧张、焦虑，担心别人会往心里去，因为这种“出格”的言行是他完美的做人标准所不容许的。

病态自负者是更卖力的“演员”，为了捍卫心中“超人”的自我定位，他需要时刻表现得完美无缺。他是自负的，同时也是痛苦的。他的自负无法战胜焦虑；他的自大无法克服恐惧；他的幻想无法让他摆脱现实。当他过于沉迷完美自我的幻想，又把这种幻想当成现实时，悲剧就一点点地上演了。卖力的“表演”让他忽视了生活本身，就算他有某方面的特长与才能，也会被这种“追求”埋没。他的能力与精力被分散到无关紧要的小事上，他会逼自己做到心中的“应该”。如果他幸运地取得了良好的成绩，受到他人崇拜，结果同样可悲。他很少能体验到生活本身蕴含的快乐，比如朋友间亲密的幸福，有亲人在身边的温暖，有的人甚至在自己母亲身边都会紧张，担心被母亲发现自己的不完美之处。

要想达到疗愈，首先要停止两个自我的战争，接下来就是不再逃避，活得真实，不再伪装。所有的伪装都是一种自欺，所有的掩饰都是一种逃避。逃避的是现实，迷失的将是真实自我。如果你并不是一个健谈的人，为何要逼着自己多说话？如果你对一些人不满，为何还要对他们满脸堆笑？如果你不是一个很强势的人，为何要故意表现得强势？如果在人际交往中你有想法要表达，为何要因为害怕说错话而不敢表达？

有的人可能会说：其实我都不知道真实的自己是什么样的，如何活得真实呢？这反映出你已经把真实的自己压抑了太久，已经很难区分真实的自己与虚假的自己。**去伪才能存真**，当你不再为“荣誉”而战，不再刻意表演完美，真实的自我才会慢慢浮现。这时，你才能自然、放松地去做事、做人，不再有被逼迫的感觉。

纯真之心：不再为“荣誉”而活

当一个人陷入对理想化自我的幻想状态时，会迷失真我，迷失纯真的心。这时，他所追求的一切会脱离自己真实的需要，仅仅是为了满足理想化自我的期待。他从事某种职业，不是出于对该职业本身的热爱，而是可以从这种职业中获得更高的收入或让他更有面子；他喜欢某个人并努力与之成为朋友或恋人，也许不是出于对这个人本身的爱，而是这个人足够“闪亮”。

一位男性来访者不断地追求漂亮有魅力的女孩。他告诉我，他追求她们并不是因为爱，而只是一种自我的证明，好像征服她们就意味着自己“有本事”。另一位男性来访者找工作只选挣钱多的职业，就为了证明自己比别人更有能力。

为了证明自己出色而去做某件事、爱某个人，会因为“动机不纯”，缺乏对其发自内心的热爱，很容易失败。就算取得了某种成功，也不会真正感受到快乐，而失败却能给他以毁灭性的打击。因为总有更好的，更成功的，所以成功只能给他带来短暂的愉悦，他会继续寻求“成功”的结果，只有这样，才能证明他有多“了不起”。他的人生看起来好像在不停地“奋斗”，但他最终将无所得，成为“悲剧性”的人物——就算他取得了成功，也不会获得真正的幸福；就算他找到了恋爱对象，也不见得能拥有真正的爱情；就算他在人前可以表现得完美，但他终归是个不完美的普通人。这种“悲剧”的根源在于，他一直在追求内心深处始终存在的一种根本不能实现的幻想：总有一天，我会完美，会了不起。他的自命不凡，不是来自现实，而是来自幻想，他只是在幻想的世界里“了不起”。他害怕现实，因为现实总会戳穿他的自负。

我们要拥抱纯真之心，真实地去生活，而不能被病态自负驱使着去追求一些并不是真心喜爱或需要的事物。

一位20岁出头的男性来访者，家境比较好，但他高中时就辍学了，后来他想上大学。我问他为何一定要上大学，他说：“上了大学可以让别人羡慕我。”我问：“如果没有得到别人的羡慕，你还想上大学吗？”他说：“如果是这样，我就没动力学习了。”我建议他重新思考自己的选择。如果为了追求优越感，得到他人的羡慕，证明自己比别人优秀而上大学，这是为了满足自负的需要而非自己真实的需要，这样去上大学也不会有很好的发展。

如果一个人真正喜欢做某件事，做这件事情本身就是快乐的。真正的快乐来自做自己喜欢的事情，爱自己喜爱的人，就算没有比别人更出色，没有变得与众不同也是幸福的——**幸福来自从事自己喜爱的事情的满足感，而非高人一等的优越感**。

放弃维系或追求理想化自我，有时会让患者有一种不知道自己是谁、不知道自己将走向何方的感觉。这是放弃病态追求的过程中自然会出现的情况。这时我们可以从身边找些感兴趣的事情做。如果以前你在恋爱方面一直觉得自己不够完美，希望等自己"完美"后再去找恋人，不如现在就去找，因为本来就不存在你所期望的完美。如果以前你一直在找"白马王子"或"白雪公主"，那么现在就忘记这种恋爱的"理想型"，去找普通的恋人，毕竟你也只是一个普通人，干吗一定要找完美的伴侣。在工作方面也是如此，如果你以前一直在寻求"能赚钱"或"有面子"的工作，不如现在就去找普通的、自己感兴趣的工作；交友方面也要大胆地与人交往，不要因为自己"不够好"，而把自己隐藏起来，并且在选择朋友上，也不要继续寻找那些自认为"闪亮"的人做朋友（当然，一些人也会'无意识'地找一些不如自己的人做朋友）。

奋斗，是受人推崇的行为。虽然很多人都在奋斗，但每个人奋斗的意义却有很大的不同。真正的奋斗是为了自我实现，而非被病态自负驱使。自我实现是在自己真实需要的基础上，努力发掘自己的潜能，并用真实的情感与他人及这个世界相处，而不是因恐惧或焦虑逼着自己"汝必完美"。当一个人受某个人不是因为对方有多富有，也不是因为对方有多完美；做一份工作是发自内心的热情，而不是为了炫耀；勇于做自己，而不为了给他人留下完美的印象隐藏真实的自己，他才可以活得真实、真诚、自然，虽然不够优秀，不够富有，但他会因为能够接纳真实的自己而获得幸福。

记得在一次咨询中，一位来访者说："其实我喜欢打乒乓球，但现在每天都在练篮球，就是为了证明自己是'男人'。"最后我告诉他："生活也是一样，要找到你的'乒乓球'，而不是一味证明自己是'男人'。"

所以，要问问自己真正的需要，聆听自己内心的声音，而不要被病态的自负驱使。否则，即使本性真诚，也不得不掩饰；即使也有自己的需要与渴求，也只得不停地压抑。慢慢地几乎忘记了自己是谁，自己真正的需要是什么。

当有一天，你不必再掩饰自己，也不再伪装"了不起"，你才是真正的自己，才能找回纯真的心。

"战略方针"的改变

很多来做咨询的人会迫切希望解决诸如情绪低落、脸红、口吃、性格的内向、恐惧、焦虑及任何他不希望存在的问题。但有一句话说得好，"问题因解决而存在"。有时，人们正是太过执着于"症状"，才让"症状"成为问题。

很多抑郁者会说，如果自己没有抑郁会如何，没有缺点将怎样，不再紧张会如何受到他人欢迎。我陷入抑郁时也有类似的想法。后来，我终于意识到：问题不在于抑郁，而在于我一直把抑郁当成无法实现理想化自我的屏障，才陷入自设的旋涡。一位男性来访者非常害怕被人伤害，甚至别人多看他两眼，朝地上吐一口痰都令他恐惧不安。为了不被人伤害，他在生活中会不自觉地表现强势，会用愤怒的眼神盯着那些"伤害"他或可能会"伤害"他的人。他整日活在焦虑与愤怒中。后来，他告诉我，当他意识到问题不在于他容易受到伤害，而在于自己对"伤害"过于敏感，当他开始寻找恐惧被伤害的原因，改变才真正开始。

所以，**过于关注症状会忽视问题的实质；急于消灭症状会失去自我了解的可能**。一些患者非常关注“症状”，也急于找到方法来消灭“症状”，却没有反思：为何别人不担忧的，自己会担忧？为何别人不恐惧的，自己会恐惧；为何别人不关注的，自己会关注？为何别人不敏感的，自己会敏感？为何别人不自卑的，会让自己自卑？

一位女性来访者，她在高中时因为被母亲说了一句：“你的眼睛怎么不看人呢？”就从此非常关注自己的眼神，害怕别人发现自己的眼睛有问题。参加工作后，周围同事的和善消除了她的顾虑，但她又开始担心自己的笑容是否正常，害怕自己笑起来“苦瓜脸”。她最怕和同事一起吃饭，害怕同事发现她的“苦瓜脸”，以为她小气，怕花钱。

另一位男性来访者，因为有过一次惊恐发作的经历，极其害怕死亡或晕倒，害怕一切会影响身体健康的东西，他不再吸烟，并远离了吸烟的朋友。他原以为做到这些就可以平安无事，不料有一天在医院里听别人说“焦虑的人会变成精神病”，之后他是不害怕死亡了，但开始害怕自己会变疯……

症状转移说明问题的根源没有找到，更没有得到解决，所以我们需要进一步思考：为何自己会被“症状”所困。如果只想消除一时的症状，总会有新的问题找上门来。

我们要做战略方针的转变：把注意力从对“症状”的关注，转移到对“症状”形成原因的思考。其实，“症状”仅仅是问题的一种表象，其中隐含着更为重要的内容。

一位女性来访者恐惧晕倒、恐惧死亡、恐惧睡眠。她恐惧睡眠的原因是，睡眠是一种无意识的状态，她害怕失去对自己的控制。她前来咨询的目的是让我帮助她解决“症状”。但如果咨询只停留在解决表面的恐惧，那么将无所得。睡眠、晕倒、死亡，都是我们无法控制的事情，为何她对这种不可控的事件如此恐惧？为何她会担心别人不担心的事情？为何她无法面对生命的不确定性？这些才是我们需要思考的重点。

从逻辑上我们可以知道，极其恐惧不确定性，反映出她想把一切都掌控在自己手中的“追求”。现实无法满足她掌控一切、远离一切“坏东西”的需要，她才会恐惧现实，恐惧那“万分之一”的可能性。从中我们可以发现，她一直试图追求一种现实中不存在的绝对的安全感，这是一种病态的要求。那么，她的病态要求来自哪里？她为何会对自己与生活提出如此不切实际的要求，并且一直试图让自己活在幻想的安全世界之中？我们需要对此进行进一步思考，从一个“点”扩大到整个“面”，进一步了解她是怎样的人，在生活中有着怎样的“追求”。

得知别人参加学习班时她会焦虑，看到别人获得更好的学历时她会自卑，别人找到好丈夫她也会嫉妒，并发誓一定要找一个更好的。

她不敢和别人深入交往，这样别人就会了解她，她就无法给他人留下完美形象了……

从中我们发现了她另一个病态要求：她要超越所有人，要给所有人留下好印象。

正是因为这种病态要求的存在，她才会如此关注他人优于自己的地方，才只关注自己的不如人之处（其实，她的外貌及家境都很好，但她往往会忽略这些好的地方）。她总是对感情挑三拣四，要么嫌对方和她不“门当户对”，要么认为对方“人品”不够好，长得不够帅……总之，她总是遇不上自己想要的。其实，不是别人真的不够好，而是她的眼光太高，所以才会对身边的男人失望。

把她的这些病态要求集中起来就是：她要一切不好的东西远离自己，活在绝对安全的世界之中；一切不确定的，在她这里都需要变成确定的，一切无法掌控的事情，在她这里都需要被掌控；并且，她还要超越所有人，集所有人的优点于一身，并给所有人都留下好印象；还要找到一个足够完美的配得上她的丈夫。

我们慢慢找到了她的需要，并且发现她的要求竟然如此“超凡”。“凡人”不担忧的，她担忧；“凡人”不敏感的，她敏感；“凡人”能接受的，她无法接受；“凡人”能面对的，她不能面对。

我们继续思考，她把自己当成什么人，才敢对自己提出如此“超凡”的要求，并为此“鞠躬尽瘁”。原来，她并没有真正把自己当成一个“凡人”，所以才无法面对“凡人”都可以面对的现实和世界。

分析到这里，我们可以得出这样的结论：她的睡眠并没有问题，她也没有那么容易晕倒或死亡，她并非无知、失败，但她有病态的自负（简单来说，就是一种建立在幻想基础上的‘自大’），以及由此而产生的想控制一切与超越一切的病态要求（当一个人把自己当成‘孙悟空’，就算要求自己能‘七十二变’，也不会觉得这种要求过分）。所以，当现实中无法匹配她幻想中的完美自己与生活时，她就会产生“症状”。如果她不放弃这种病态的自负及病态的要求，她的“症状”将无法从根本上得到缓解，就算缓解了，也会以另一种形式出现。如果她病态的自负继续存在，那么不是问题的问题也会成为问题，只要她遇到无法掌控的事情，只要别人在某方面超越她，只要她做不到自己想象中的完美，“症状”就会出现。放弃这种病态的自负，不把现实中的自己变成幻想中“完美的人”，才是真正的解决之道。如果继续受病态自负的驱使，努力改造现实及现实中的自我，那么她将永远无法找到真正的快乐与自信。

一位男性来访者，在读研究生时就出现了明显的社交恐惧症状。见到领导或漂亮开朗的女孩，及身处需要当众讲话的场合，他就会感到紧张不安，并感到头部轻微地抖动。即使和同学聚会时，他也会非常紧张，觉得自己笑得不自然。这些问题他从来没有和朋友、爱人讲过，他会在晚上一个人偷偷地哭，还因此有过轻生的想法。他来做咨询，当然是想让我帮他祛除这些症状，希望我有“高明”的方法，让他立竿见影地看到“治疗”效果。但“治疗”要在“了解”之后，不深入了解他这个人，我就不会真正理解他的问题所在。

随着咨询的深入，我对他的了解慢慢多了起来。他的父母一共生了五个孩子，他最小，他出生时父母已经45岁了。从他小时候起，父母就对他非常疼爱，在学习上对他管教也不多。他还记得上小学时，老师让他到台上讲演，他因为紧张没说好，从此就尽量回避当众讲话。不是因为不感兴趣，而是因为恐惧，他害怕失败，也害怕失败时别人看他的眼神。从小到大，他学习成绩一直很好，也考上了一所不错的大学，但他不开心，因为填报志愿时他选择了服从调剂，被调剂到自己不喜欢的专业。后来为了不回到老家工作，他决定考研，本来有机会重新选择专业，但因为害怕失败还是选择了本专业。研究生期间他过得比较轻松，只是快毕业时他要入党，在当众自我介绍时出现了紧张出汗的情况，这让他觉得很丢人，更加恐惧当众说话。之后的几年他一直试图淡化这个问题，但这依然是他心中的一道坎。后来，在同学的结婚典礼上，大家开怀大笑时，他突然意识到自己笑得不好看，之后又对笑容敏感，害怕别人觉得自己笑得不自然。

他对自己在人前的表现十分敏感，为自己定下的做事标准也很高，比如打扫卫生，他一定要打扫得一尘不染；对孩子的教育更是“认真”，容不得孩子一点儿不好，会因为孩子犯了一点儿小错误就把孩子打一顿；他对自己也很严苛，如果在假期玩了两天游戏没有钻研工作，他就备感内疚和自责；在给别人讲课时，他会因为自己没有在讲课前和听众点头示意而焦虑好久……总之，他做事情不能有一点儿瑕疵及不完美之处，否则他就焦虑。

他非常害怕不如人的感觉，他恐惧求人帮忙，因为求人会显得他低人一等。在得到别人的肯定和表扬时，他会有些飘飘然。身边的人和他的关系越好，他越见不得对方比自己强。就算是买一辆汽车，他也要和别人比，一定要买一辆比身边人的更好的。其实他也能意识到自己这样做有些不对劲，但就是无法改变，他害怕自己因此“堕落”，变得没有“追求”。

小时候他经常梦见自己被人追赶或从高处落下而从惊恐中醒来，他还会梦到自己在飞，在梦中，他扇扇手就能飞起来。

他对生活也存在一些幻想，比如，想象自己在人际交往中非常放松和从容，且表现与状态也非常好。有时，他也会幻想自己身为伟大的人物，比如，他所崇拜的爱因斯坦。

我们可以从中总结出一些规律：他害怕被他人超越，害怕别人发现他的不完美之处。他力图把事情做到尽善尽美，并不是出于对事情本身的热爱，而是出于害怕被他人超越或被他人轻视。并且，就算是和最亲近的人相处，他都要把自己伪装好，不让他们发现自己的“瑕疵”及“脆弱”。他的梦及幻想：扇扇手就能飞起来，成为一个伟大的人物，正反映了他的“需要”与“追求”。

我们就此可以大致理解他的问题所在。他在人前的紧张，是因为害怕被他人发现自己的“瑕疵”；他的“症状”，只是他“追求”的“拦路虎”，而非真的有多糟糕；他做事情非同一般的“认真”，是一种超越他人的强迫性的努力……所以，真正的问题不在于他在人前的表现有多糟糕，而在于他内心深处的病态要求。正是因为一直试图在他人面前表现得完美无缺，试图超越所有人，所以他才无法接受自己的不完美之处，无法面对自己的不如人之时。而凡是阻碍他“追求”的事物，都会令他恐惧，凡是达不到他期望中完美的方面，都会导致他出现“症状”。所以，只有放弃内心病态的追求，他才能消除“症状”，进而活得真实。

分析到这里，好像我们可以“结案”了，但还有一个细节值得关注：他也能意识到自己这样做有些不对劲，但他就是无法停止，他害怕因此“堕落”、没有“追求”。而这也正是他无法放弃自己的“贪念”的一种表现。我们还需要进一步思考他的这些病态追求的来源，为何他会对自己提出如此不切实际的要求并一直“锲而不舍”地追求。

在上一个案例中我们谈到，当一个人把自己当成“孙悟空”的时候，他就不会觉得要求自己做到“七十二变”很过分，即当一个人把自己当成“超人”时，会自然地认为自己理所当然应该表现得完美无缺，超越所有人。由此可见，病态的追求与要求，产生于病态的自负。人自大到极点，并把这种自我膨胀的幻想当成一种现实，就会无视客观现实与人类的局限性，对自己提出各种病态要求。他不能放弃病态追求，是因为他不愿放弃自负的幻想，不愿“堕落”成和周围的人一样平凡，他不愿意面对自己只是“凡人”的现实……所以，导致他陷入困境的并不是看得见的“症状”，而是他理想化的自我。他把自己幻想中的样子当成了真实的自己，并要求现实中的自己在各个方面都成为自己幻想中的样子，所以他才会对自己的小缺点及错误耿耿于怀。他对“症状”的纠结，正反映出他内心的挣扎——理想化自我与真实自我的战争。

通过这两个案例，我们会发现，“症状”仅仅是一种表象，一味寻找方法无法从根本上克服“症状”。我们要反思，为何自己会把这一切当成症状。当我们试图了解自己和自己的需要，并因此发现内心深处的自己到底是怎样一个人时，才能真正地理解和接纳自己的所谓症状，进而做真实的自己。

“知道”不等于“领悟”

理解上文谈到的“道理”不难，难的是真正进入一个人的“心”。“知道”不等于真正的“领悟”，“知道”停留在理智层面，“领悟”则会到达内心深处，影响一个人的内在驱力。一些来访者在咨询中总是说：“我什么都知道，但就是无法做到”。其实，他仅仅做到了“知道”，还不足以放弃幻想。他必须了解自己的病态要求有哪些，了解这些病态的要求给自己的生活带来了怎样的影响，并且要了解这些病态的要求来自哪里，才能进而清楚地了解自己到底是怎样的一个人。只有当“知道”成为“了解”，因“了解”而产生了深刻的“领悟”后，人才会发自真心放弃幻想，才能产生从“量变”到“质变”的深层次转变——真正地摒弃理想化自我与病态的自负，最终回归真实自我。

一个人也许会明白放弃病态自负与理想化自我的重要性，也知道自己不可能完美，但在行动上却还是会不断地掩饰自己的缺点，不停地表演完美无缺。他知道自己不可能永远受他人关注，依然会费尽心机地吸引他人的注意；他知道自己无法逃避死亡及一切不安全因素，依然会试图为自己营造“绝对安全”的世界；他知道自己不可能超越所有人，遇到优于自己的人时依然会感到焦虑；他知道自己理想中的朋友或伴侣是不存在的，依然不愿放弃对这种“理想型”的寻求……嘴上“明白”，内心却没有实质的改变，所以一切依然如故。一个人的理智有时是和他的内在驱力脱节的，就好像他虽然知道不应该继续错误的感情，却依然会和对方纠缠不清。从这个意义上来讲，我们要把“知道”变成真正的“领悟”，不然一切只是纸上谈兵。

病态自负者首先需要发现自己因自负而产生的病态要求，并认识到这种自负不是来自现实，而是来自幻想，这样他才能慢慢放弃维系病态自负的种种努力。所以，我们要在生活的点滴中慢慢了解“陌生的自己”。不真正了解自己，就无法把“知道”变成深刻的“感悟”。例如，一个恐惧人际交往的人，不能只关注自己在人际交往中的紧张和焦虑，也不能只关注自己的缺点和不足，他还需要了解自己是否有时对他人过于挑剔、要求过高？是否力图在各个方面表现完美？是否要求得到别人特别的尊重？是否特别在意他人对自己的看法、害怕被人否定？是否为了扮演“好人”而变得过于无私？是否为了追求高人一等的感觉而只关注结果？是否因为害怕失败而不敢冒险？除了自卑，内心是否还隐约存在一种高人一等的自负？把这些“拼图”集中在一起，会反映出你的“追求”和“需要”，也反映了你到底是怎样的一个人。人对自我的了解多一点，领悟就会深刻一些，不至于继续陷入自欺欺人的幻想中无法自拔。

一位男性抑郁者十分担心自己在人际交往中脸红（当然，脸红仅仅是一种象征——象征他的不完美之处，此处可以替换成任何让他感到不安的因素，如手抖、口吃、声音颤抖、紧张、目光不自然、身材不好、皮肤黑、呼吸急促、走路不好看……只要不符合其‘应该’的部分，都会让其恐惧不安），并因此逃避社交。对他进行进一步了解后发现，他担心的不只有脸红，还有在酒桌上手抖；平时出现口误（比如把李总叫成了张总），他也会焦虑几天。他曾因为工伤失去了几根手指，在生活中，他一直“无意识”地把手隐藏起来。如果有人不够尊重他，他会勃然大怒。当然，他认为自己也有很多“优秀”的品质，例如他做人很义气；嘴很严，从来不传别人坏话；他非常守承诺，和别人约好时间从来不会迟到。

他的事业也很成功，但除了工作，他几乎没有其他爱好。简单来说，他成了一个工作狂。

从中我们可以发现一定的规律——他一直逃避被他人否定的可能，并努力做一个“好人”，或者说，他一直试图克服一切缺点，只让别人看到他的“闪光点”。

每个人都有自我美化的倾向，但不是每个人都会因为缺点被发现而惴惴不安，也不是每个人都会为了博得别人的好评总是“舍己为人”。所以他的种种行为及努力不过是在维系一个完美的形象，维系病态的自负罢了。也正是因为他一直受到自负驱力的驱使，所以他无法面对自己不如人之处，不能面对自己作为一个人的局限性。问题不在于他认为的自己的缺点，而在于他的自负不能容忍自己的缺点暴露在他人面前。

要达到领悟阶段，他需要经历下面几个过程：第一步，他需要清楚，脸红不是问题，问题是自己为何把脸红当成问题；第二步，他需要进一步了解自己，把关注的重点从具体“症状”扩大到整个生活，进而发现自己更多病态要求；第三步，把这些发现如“拼图”一样集中在一起，发现自己理想化自我与病态自负的存在；第四步，反思自己病态的自负是否现实，并领悟到只有放弃对理想化自我的追求与捍卫，才能获得“解放”；第五步，从“局部胜利”到“全面解放”。放弃了对脸红的关注与恐惧，仅仅解放了一部分自己，自己的其他方面是否依然被病态的自负所束缚？在生活的其他方面是否依然固执地追求“荣誉”而忽视了简单的、点滴的快乐？如果是这样，就需要继续扩大战果，继续发现并“解放”被病态自负所束缚的自我。值得一提的是，上面五个步骤仅仅是为了叙述方便，而非必须。

有的人就算完成了上面的五个步骤，依然无法“解放”被束缚的自我，或身处“解放”的环节依然感觉自己做不到。其实这不是做不做得到的问题，而是想不想做的问题。他们对病态自负的捍卫是一种“成瘾”，病态的生活模式与病态追求也已经成了他们生活的一部分，病态的需求已经成为他们的一种“本能”。人沉溺自负的幻想太久，就会把幻想当成现实，让他放弃这一“现实”，当然是件困难的事。所以很多人宁愿选择“知道”，也不选择“领悟”。毕竟“知道”还不会对他们的自负系统（或者说对完美自我的幻想）造成实质性的破坏，而真正的领悟意味着“伤筋动骨”。所以对于他们，阻碍疗愈的不是缺少分析与方法，而是缺少放弃病态幻想与欲求的勇气和力量。

活在幻想之中会让人变得“麻木”——意识不到自己的病态追求（就算指出他追求的非理性，他也会认为这是一种‘普通’的要求，而非病态），也会对自己想成为的人感到“陌生”（虽然各种证据都表明他的构想不切实际，但他就是不愿承认这一点）。

一位男性来访者，他害怕自己的缺点被他人发现，害怕超出自己控制能力范围的东西（如，蛇、黑暗、暴风雨、高处、疾病等），不能容忍他人对他的不敬，不能接受被他人超越，也无法接受自己被他人伤害，同时极其害怕被他人否定……我对他说：“你的恐惧‘翻译’过来就是，你在追求被所有人肯定，被所有人尊重，你要完美无缺，你控制一切及超越一切。如果你真的实现了这些‘追求’，你将是怎样的‘人’呢？”他笑着说：“这是神而不是人，根本就不存在！”我接着说：“这个人不就是你吗？这不都是你一直在做的吗？”他说：“不是我，我没有把自己当成神。”他的态度让我愕然，就好像一个人对着镜子笑着说：“这个人是谁呀，我根本就不认识。”虽然他不承认自己正在追求“超凡”，却整天逼着自己做常人做不到的事。

而他的这种对自己的“陌生”正反映出人的“双面性”——“理智的自我”与“内心深处的自我”。很多时候，人在理智上知道没有完美，也知道世界上没有绝对的安全，但当自己有不完美之处被他人发现，或意识到自己处于不确定性与不安全感之中，或自己遭遇失败，或预感会受到他人否定时，整个人就会变得异常焦虑与恐惧。而当“理智”无法让我们平静、无法说服自己时，就反映出这时的我们正受到“内心深处的自我”的控制，或者说，“内心深处的自我”才是“司令官”，而非“理智的自我”。所以我们要认识这个“陌生”的自己，只有认识了自己，才能理解自己的恐惧与焦虑，才能真正领悟到自己病态的要求与病态自负的存在，才能真正意识到“内心深处的自我”的自大与荒谬之处，才有可能摒弃这个“内心深处的自我”（理想化自我），而不是受它控制还不自知，一错再错。

有些病态自负者可以很快意识到自己追求的非理性及自负驱力的存在，并意识到自己一直活在一种自大的幻想之中，而且他们口头上也说要放弃自负、把自己当成普通人。但“知道”并没有让他们解脱，当他们遇到无法避免的失败、无法解决的问题或无法控制的事物时，他们就会陷入惊恐之中。

一位男性来访者一直自认是高高在上的“神”，可以俯视如蝼蚁般的众生。他活在这种“伟大”之中自得其乐，从来没想过不好的事会发生在自己身上，在他看来一切“厄运”都属于别人，自己可以独善其身。坐飞机时，他会感觉飞机好像被神灵托着，不会有任何意外。后来他的“自信”被父亲的离世打破，他突然变得非常害怕死，并且产生了一种可怕的意象：他从高处看着如蝼蚁般的芸芸众生，突然发现自己就身处其中！最让他恐惧的部分就是“我自己身处其中”。最后他不得不意识到，他也是人，不是神，一切厄运，包括死亡，他都不能幸免。但“知道”并没有让他解脱，他依然会很早醒来，全身冒冷汗，依然会整天处于紧张不安之中，依然恐惧任何会影响到他生命安全与健康的东西，依然会无时无刻不想到死亡……究其原因，他对于“自己是普通人”这一点，仅仅是“知道”，而不是“领悟”，所以他依然不能接受现实，依然在努力维系“神话”，害怕自己成为如蝼蚁般的芸芸众生，恐惧自己也会死掉的现实。

只有“真心实意”摒弃病态的自负，而不是把“知道”当成一种消除症状的手段，才能真正从死亡焦虑中解脱，才能真正地“活”。

有时，“知道”会成为维系自负、消除症状的手段；有时，“知道”还可以成为病态自负者与现实抗争的最后筹码。此时，他不选择“领悟”，是因为他有着“不到黄河心不死，不撞南墙不回头”的“坚韧”。人被自负驱力控制时，就会把幻想当成“现实”，极力维系幻想的城堡，就算现实已经摆在面前，他依然不会就范，依然会苦苦支撑。

自负驱力就像一个恶贯满盈的罪犯，它不会轻易服法，也不会轻易向“道理”低头，就算各种“事实”及“人证物证”摆在它的面前，它也不会轻易“认罪”。在自负的驱使下，一些患者会觉得自己像是被废了武功的侠客，虽然现在不能“飞檐走壁”，但自己不是“平庸之辈”，只是“症状”让自己不能“东山再起”，不能成为“真正的自己”，让自己如此“碌碌无为”……即使各种事实表明他不过是一个平凡人，并没有他所认为的那么无所不能，但他就是不愿承认，并依然幻想如果不是因为“症状”，自己会考上更好的大学，会有更好的工作，会更受人尊重。所以，他很喜欢把自己当成病人，认为自己有强迫症、抑郁症、恐惧症或焦虑症。把自己当成病人，就可以为自己没有“重振雄风”与“一鸣惊人”找到台阶。他的潜台词是：“不是因为我没有能力，而是因为我有病，如果我没有病，我可以……”这时，他会把一切失败和挫折都归结到“病”的头上，以逃避现实对他自负的打击。**他甘愿当一个“病人”，也不愿做一个凡人。**

一位男性来访者从小认为自己非常聪明，与众不同，并因为学习成绩好而一直受老师和同学的关注。他非常自信自己的做事能力，认为有朝一日可以飞黄腾达。随着年龄的增长，他慢慢发现，成功不仅和做事的能力有关，更取决于做人的能力。从此，他除了关注学习，又开始关注起自己的人际交往，没想到这就是他噩梦的开始。从关注人际关系开始，他在人前就变得异常紧张，因为他不能表现得完美无缺，也不能一直气宇不凡。与此同时，他也开始关注起自己的缺点，比如身高、体型，到后来竟然发现自己的目光也有些不正常。有一天，他突然发现自己有余光，接着便开始担心余光会被别人发现，会影响对方对自己的看法。从此，他每天都在紧张不安中度过，也无心学习。他没有考上理想的大学，也没有从事理想的工作。他怨恨当年的症状让自己成为今天这副样子，他会幻想自己没有症状将如何“雄霸一方”。他过得平凡，却不承认自己是普通人，而是认为自己修炼了“邪门武功”，导致了今日的“武功尽失”。他想尽办法“干掉”余光，以为这样就可以“重回江湖”。他没有反思，对余光本身的关注来自他的“贪婪”。正是因为要求自己在人际方面“武功高强”，才会把“正常的”当成“不正常”，而又是因为要博得所有人的肯定，才如此担心自己的“不正常”会影响他人。一切证据都表明他并没有什么与众不同，也许他口头上也会承认自己是一个凡人，但在内心深处他依然自命不凡，有一种“虎落平川”的哀怨。

所以要让自负驱力“服法”就必须放下一切借口和寻找“替罪羔羊”的努力，在现实面前低头，承认自己的平凡，而不是用一些看似合理的理由来为病态自负辩护。

为了让这个“罪犯”服法，就必须揭穿它的各种谎言和诡计，不然它会认为自己很“冤枉”，不会真心实意地为自己的罪行“忏悔”，也不会真正“弃暗投明”。一些来访者总是说：“我什么都明白，但就是无法从症状（焦虑、抑郁、恐惧）中走出来。”其实他仅仅是嘴上“明白”，心里依然“糊涂”。

A 女士非常担心自己的紧张会“传染”别人，当别人在她身边表现出紧张时，她就非常有负罪感，认为是自己影响了对方。一些人认为她是一个很善良的人，但她的善良却不是为对方考虑，而是博得他人好评的手段。所以，她越“善良”，就越反映了她的自私。

B 先生对两性关系非常保守，对处了几个女朋友的表弟嗤之以鼻。一些人认为他是有高尚道德情操的人，但他的“道德”仅仅是一种显示自己高人一等的努力。

C 先生不能容忍自己的缺点被别人发现，不能接受自己被他人超越，不能面对自己是一个平庸的人这个事实。一些人认为他是一个有上进心的人，但他的“上进心”不是出于爱自己，而是出于恨自己——他恨自己没有想象中完美。

D女士即使在痛苦时也要表现得快乐，哭泣时也依然在乎自己的装扮，需要他人安慰时也会独自承受。一些人认为她是一个独立成熟的人，但她的“成熟”仅仅是一种表演，一种维系完美形象的手段。

人的行为总是有目的的，“症状”也是如此！患者被自负驱使时，总是表现得很无辜，认为自己是受害者，幻想如果没有了症状将如何。其实他没有反思，**症状仅仅是他达到目的的一种手段，或是愿望没有在现实中得到满足的挣扎**。一切都不是空穴来风，我们要透过现象看本质。

一位男性来访者，他总是害怕丢了什么重要东西被犯罪分子利用，给自己带来不好的结果。虽然他知道自己杜撰出的重要东西不存在，而且自己也没那么容易丢东西，但理智就是无法说服他的“心”。他过去非常害怕开车，害怕自己违反交通规则被记录，甚至害怕自己撞了人还不知道。他不敢走出家门，只有躲在家里才能防止自认为的危险发生。

开始咨询时，他会找各种理由为自己的病态行为辩护，比如他会辩称“别人不为此担心是因为别人不容易丢东西；我为此焦虑，所以发生不好事情的可能性大；我的胆子小，性格不好，所以才会如此……”但从现实角度来说，活了近40年，他从来没有开车撞过人，也从来没有丢过重要的东西，更没有因此被他人伤害。或者说，他并不比别人倒霉，反倒比别人要幸运得多（他的学业和事业都很成功）。既然如此，他为何要为别人都不担忧的事情担忧呢？

后来，我举了一个例子：两个人同样有100万元，其中一个人很满足，而另一个人觉得自己是穷光蛋和失败者。

我问他："这种情况你怎么看？"

他说："这应该和他们的参照系及追求有关。"

我接着问道："这个例子不就是你的缩影吗？你的处境安全性并不比别人差，为何别人都觉得安全，而你觉得不安全呢？"

他无言以对。

最后他不得不承认，自己的行为是病态的，自己对安全感固执的追求也同样是病态的。而且他也谈到这个世界上本不存在他所期待的安全感，但他依然会为此恐惧、焦虑、不安……

其实，他也仅仅停留在"知道"的层面。他自以为了解了、认识了、明白了，却还没有真的领悟。他的"知道"只是用一种"普世价值观"来衡量自己的行为和追求，他承认自己错了，但他的焦虑和逃避行为却来自他的"个人价值观"，或者说，他的"非理性"中隐含着"理性"。说他"非理性"，是因为他的行为及追求不符合"普世价值观"；说他"理性"，是因为他的行为及追求符合他的"个人价值观"——他只不过是在维系一种绝对安全的世界。他的焦虑与不安是他的"愿望"没有在现实中得到满足的反映。

所以，只有慢慢了解自己的"个人价值观"（病态要求），才能真正理解自己的焦虑、恐惧和抑郁，并且也只有放弃这种病态要求，才有可能与自己及这个世界和平地相处。

病态自卑者虽然知道自己所寻求的理想化自我并不存在，却依然难于放弃对理想化自我的幻想。因为他不能面对真实的自我，注定只能在现实与理想的夹缝中挣扎。

一位女性来访者整日生活在自卑与恐惧之中，因为她总是很善于发现别人的优点，并善于发现自己的不足。所以，在别人面前她总觉得自己很渺小，担心别人发现她的缺点。她总是处于紧张不安之中。不得不面对人群时，她会有意识地贬低别人，只有把别人贬低，她才能放松一些，但这种方法很快就失效。后来，她通过咨询意识到，从现实来讲，她并不比别人差，别人也有很多缺点和不足。问题的关键在于她一直以来的幻想，她从小就幻想自己非常完美、多才多艺、受人关注、内外兼修，但现实中的她很难做到这些，所以她总能发现自己的不足，比如唱歌不够好、身材不够好、口才不够好、笑得不够自然……总之，她对自己百般挑剔，又因为外移作用，她认为别人也会如此贬低她，所以她也恐惧他人。我追问她是否有人做到如她幻想中的那么完美时，她也清楚地意识到这是人类无法企及的，但却无法放弃她的“执着”，就像知道自己是一只涂了白漆的“乌鸦”，却不敢卸下伪装。

不能真正领悟“放下”，不能放弃内心深处的“贪婪”，仅仅做到“知道”，是无法停止内心的战争进而实现真正的疗愈的。当我们可以识破自己的谎言；当我们可以看清症状的真相；当我们可以卸下伪装；当我们能够真正领悟“放下”时，我们才可以活得真实，并获得真正的疗愈。

真正的疗愈：回归真我

什么是真正的疗愈？真正的疗愈不仅仅是症状的消除，而是真我的回归。当一个人停止了内心的战争，不再去追求理想化自我，而是接纳真实自我，活得真实，我们就可以说他得到了真正的疗愈。而虚假的疗愈，仅仅是症状的减轻，而非真我的回归。例如，一个害怕考试、害怕发言、害怕失败、害怕被他人否定的人，终于毕业不用考试了，也不用当众发言了，他的焦虑及抑郁的情绪自然会减轻许多，但他看似疗愈了，其实依然“病着”，他逃避了问题，而非接纳。在相对平静的环境中，他可以和别人一样很好地生活，但当环境发生变化，比如人际关系出现问题，被他人超越，被他人否定，他的不完美之处暴露在他人面前，或感受到人总会变老、死掉的现实时，看似很小的问题又会成为他内心战争爆发的导火索。只针对症状本身进行治疗很容易复发的原因也在这里——患者内心的冲突依然存在，他依然被病态自负所束缚，依然活在理想化自我的幻想中。

人接纳真我后，就不会逼着自己什么事情都做到完美，也不会过于在意他人的看法，虽然依然渴求成功，但他已经可以坦然地面对失败了。他知道，自己仅是一个普通人，无法在所有事情上做得出色，也注定无法得到所有人的肯定。这不意味着普通人没有价值与生命的意义，毕竟生命的意义不在于一味证明自己有多强，也不是一味博得他人的肯定，而在于做自己喜欢的事，爱自己所爱的人，仅此而已。所以他不必刻意讨好别人，也不必把自己变得“完美”，当然也不必压抑自己的情绪，不必让自己看起来“和蔼可亲”，更不必担心失败或缺点暴露在他人面前，同样，他也不会因为自己的“缺点”而陷入自卑或抑郁情绪。

他变得更加坚强了，不是因为他可以战胜一切，而是他意识到了自己的脆弱；他变得更加明智了，不是因为他可以了解一切，而是他意识到了自己的无知；他变得更加真诚了，不是因为他绝无谎言，而是他意识到自己也有虚假的一面；他变得更加善良了，不是因为他可以“普度众生”，而是因为他意识到了自己丑恶的一面；他变得更加成功了，不是因为他所向披靡，而是因为他意识到了自己无法逃脱失败；他变得更有安全感了，不是因为他可以掌控一切，而是因为他意识到自己其实一直活在不确定性之中……总之，他成了一个真实的人，而不是一个完美的幻象。

最后我们引用卡伦·霍妮的一段话来结束本节。

一个孩子无论在什么环境中长大，只要没有智力上的缺陷，他都将学会以这种或那种方式与他人打交道，而且，他还很可能获得某些技能。不过，他身上也有一些力量不是通过学习就可以获得或发展的。你无须，事实上也不可能教一粒橡子长成一棵橡树，但是，只要给橡子一个机会，其内在的潜能就会得到发展。同样，只要给予人类个体一个机会，他就能发挥他所特有的人类潜能。这样一来，他也就会发挥他的真实自我所具有的独特活力：他自身情感、思想、愿望和兴趣的澄清和深入；开发自身资源的能力，自身意志力的加强；他可能具有的特殊能力或天赋；表达自己的能力，以及自然而然地与他人交往的能力。所有这些迟早会让他发现自己的价值观和生活目的。简而言之，他会朝着自我实现的方向发展，而不会偏离太远。

一位抑郁患者的心理分析

成长经历自述：

童年的生活就像一部电影。在我出生之前，父母已经由于工作原因来到了城里，不久后便生下了我。得知我是女孩，奶奶甚至要求妈妈把我送人，因为她不喜欢女孩。虽然我生下来才 3 斤多，但身体还蛮不错的，也没让爸妈操心。转眼我 3 岁了，父母开始做生意，他们没什么时间管我，可爸爸每次出差回来都会给我带很多好吃的。其实，那时家里条件也很差，不过凡是我喜欢的，爸爸都会满足我，那时我就是家里的公主。

我 4 岁那年，可爱的弟弟出生了，因为要照顾弟弟，父母更是忙得不可开交。妈妈说我小时候很懂事，像个小大人，有时候看到我可怜的样子，泪水就在她眼眶里打转。

我 6 岁那年因为要上学，妈妈把我送回了老家，于是我就和很多留守儿童一样，和奶奶在一起生活。

没想到这竟然是噩梦的开始。

奶奶是个思想很封建的人，和她生活在一起就要遵守很多规矩。就拿吃饭来说吧，女孩上桌吃饭必须坐在下位，必须细嚼慢咽，使用筷子必须方法正确，必须等长辈先动筷子，夹菜不能乱翻，不能夹“过桥菜”，吃饭不能大声说话，不能有饭粒掉在桌上……她心情不好时，对我轻则一顿骂，重则一顿打。慢慢地，为了不惹奶奶生气，我告诉自己要乖、要听话，这也是妈妈一直叮嘱我的。后来奶奶的行为越来越不可理喻，那时我真的很想妈妈，很想回到妈妈的身边，我期盼妈妈的电话，但好不容易接到妈妈的电话，听到的却是妈妈的数落。我一边听着，一边擦着眼泪，并暗自告诫自己不要让妈妈担心，要懂事。

渐渐地，奶奶的行为越来越让我恐惧，她常常会无缘无故地打我，我身上总是青一块紫一块的。如果有人问起，我也不敢说出来，其实我也曾试着告诉我的姑姑、叔叔，但没有用，没有人能够帮我。

那时，我常常在被窝里幻想着，总有一天我们一家人会在一起生活，一家人在一起吃饭，很幸福。但在现实中，我只能躲在被窝里哭，觉得自己很可怜，和一个没有父母的孩子没什么两样。也不知道从什么时候开始，“恨”住进了我幼小的心房——我恨奶奶这样对待我，恨邻居们总是拿我开玩笑，更恨父母狠心把我送回老家。

在我 9 岁那年，妈妈把弟弟也送回了老家。弟弟皮肤白净，胖嘟嘟的，喜欢笑，蛮可爱的。

弟弟回来后，奶奶当然很喜欢他，我在家里就更没有位置了。每次我和弟弟打闹，如果有争执，“犯错”的人一定是我，接着就是“家法伺候”，我因此也很讨厌弟弟。当然，弟弟有时候也免不了奶奶的家法，可他总是很调皮，嬉皮笑脸地就逃过了。我觉得自己挺笨的，每次和奶奶对着干，最后受伤的总是我。

我真的被打怕了，放学后我喜欢到山上去玩，其实我是不想听到奶奶的声音，也不想看到她。很多她安排的事，我也不想做，但为了不挨打，我还是会把衣服洗掉，把饭煮好，结果仍然逃不过她的打骂。

这样的生活一直维持到初二，和妈妈商量后，我执意要搬出来住在叔叔家的空屋，和弟弟开始新的生活。虽然那个空屋和奶奶家相隔仅 200 米，但我觉得解脱了。那时我还很小，胆小的我要在弟弟面前表现勇敢，弟弟做错事时我就是大人，弟弟想妈妈时我很坚强……周围的人也开始议论纷纷，有看笑话的，有指责我们的，更多的是同情我们。但那时我却在回避这一切，讨厌周围人可怜我们的样子。

16 岁那年我故意去了离家远些的学校上学。在学校的那几年我过得也是昏昏沉沉，没有目标、没有方向，我仍然是个胆小、自卑的女孩。我暗自喜欢同桌那个男孩两年，最后也没个结果。在朋友中我也总是在隐藏自己，因为我觉得自己好像是一个恶魔。

进入社会后，我还是活在自己的世界中，充满恐惧。觉得自己的童年比别人糟糕，觉得自己没有堂妹长得漂亮，也没有弟弟聪明，不讨人喜欢。平日里除了工作，其余时间我就在思考，怎么做才能丢掉这个连自己都不喜欢的自己？怎么才能让自己变得更活泼？怎么做才不会让别人觉得我笨？怎么做才能把事情做得更好？怎么做才会让周围的人都喜欢我？……这些成了我的追求。但那时我活在自己的世界不亦乐乎，我已经失去了自我，做好了是应该的，没做好就印证了奶奶苛责我的话。“没有任何借口”成了我的座右铭。

在和同事相处的过程中，我总是扮演“好人”的角色，后来我当了店长，就更累了，更怀疑自己。我很羡慕别人会表现，所以会下意识地模仿别人。在工作上我表现得很死板、很焦虑、很担心，自己都不知道真正的自己在哪里。看到别人在一起聊得火热，我很想加入却不知道怎么做，就算加入了也觉得自己很假。结果我就这样矛盾着、焦虑着、敏感着，别人说点什么都好像和我有关似的，而我做每一件事都会想怎样做才不会糟糕，做了之后，我又觉得做得不够好，就算做好了我也会想这是假的。其实这样我很痛苦，但不知道该怎么办！

后来遇到了我的丈夫，和他相处时我也是小心翼翼的，一面沉浸在感动和幸福中，一面又在怀疑这一切的真实性。明明幸福就摆在眼前，我却体会不到快乐。虽然我一直渴望幸福，也渴望幸福的家庭，但当拥有这一切后，我又开始怀疑这一切是不真实的，很害怕自己做得不好会失去这一切，并且也担心丈夫是否真的爱我这个人。

自我分析：

小时候只有奶奶在照顾我，她就是我最亲的人。所以我一定在乎她对我的态度，渴望得到她的爱，但奶奶的“爱”却让我恐惧。在奶奶身边时，发生了很多让我感到很无助的事情，这些事情让我整个童年一直过得小心翼翼。在成长过程中，我看不到自己的好处，总是贬低自己，拿自己的不足和别人比较。虽然奶奶不喜欢女孩，但堂妹偶尔来一次，奶奶也表现得很喜欢她，所以我更加确定这一切都是我自己造成的，是我不好。长大后，我总是希望身边每个人都喜欢我，这样我才能证明自己不像奶奶说得那么差。于是我给自己设定了一个狭小的圈子来自我保护。我在做事情时，不管是多小的事都要求自己做好，但就算真的做好了，我也总能找到比自己做得好的人，进而逼着自己做得更好……这一切都是为了避免别人发现我很笨。但越是这样，我越是感觉紧张。

这段时间我做事时一直告诉自己：“没做好，也没有什么，不要因为没有做好就把自己打倒。”当有人在我身边时，我有时也会突然变得紧张，不知道说什么，我可以明显感觉到自己又在苛责自己。其实，这时我都感到这个“可怜的女孩”需要的是同情而不是苛责。我遇到了不讲理的奶奶，自己还这样对待自己，太不公平了。

现在，经过心理咨询，我对自己有了更深刻的认识，对周围的看法也发生了颠覆性的变化，虽然我现在还没彻底地走出抑郁，前景也不容乐观，但我不会放弃努力。过去的我在痛苦中挣扎，在绝望中坚持，在恐惧中沮丧……但这些只是人生很小的一部分，也是成长的过程。不管怎样，我知道，我需要慢慢地学会来爱自己！

我的分析与建议：

从这位来访者的成长经历与自我分析可以发现，因为过去创伤性的经历，她没有很好地接纳真实的自己。在她的眼中，真实的自己是不可爱的、失败的、不被人接纳的。所以她在内心幻想出一个理想化的自我，在做事时会不断地逼迫自己做到完美，以期博得他人的肯定。她的自卑是因为没有达到理想中的自我，但世上本来就没有像她所幻想出的那样完美的人，所以越逼着自己表现完美，越希望被别人接纳，越适得其反。只有放弃这种对理想化自我的寻求，她才能学会爱自己——真实的自己。

也正是因为自卑与自恨，她不相信别人会真的爱她，也不相信自己真的可以把事情做好。就算别人对她好，她也会担心失去这一切；就算她取得了成功，也会认为这一切很虚假，因为她不相信自己是有能力的。这种感觉其实是一种自我怀疑。要真正从抑郁中走出来，就要打破自我否定的思维方式以接纳真实自我。

当然，自我接纳需要一个漫长的过程，但只要一个人可以停止自我的战争，停止对理想化自我的寻求，当他可以活得真实，而不是表演得完美时，找回真我也只是时间问题。但这一切不能仅仅停留在“知道”的层面，而要从内心深处“感悟”，才能实现真正的疗愈。

第四章

抑郁与人际关系和工作

第一节 抑郁与人际关系

抑郁和人际关系是紧密相连的。一个人对待自己的方式，也很有可能成为其对待他人的方式；同样，一个人对待他人的方式，也可以反映出他是如何对待自己的。如果一个人对他人苛刻，那么他对自己也好不到哪里去；一个人没有学会如何爱自己，那么他也无法真正地去爱别人；一个人不敢真实地活着，那么他也就无法对他人真诚……内心冲突的存在会影响我们的人际关系，让我们无法认清自己与他人。

其实，外在的人际关系正是内在自我关系的一种反映。当一个人没有接纳真实的自我，当一个人整日生活在理想化自我的幻想中，想必他的人际关系也不会真实。就算表面上看起来很好（就如同，他表面上一直维系一个完美的自我形象一样），他在人际中也并不真正感到放松，感到安全。

所以本章将从人际关系的角度，更为细致地讲解理想化自我是如何影响并扭曲我们的生活，如何扭曲现实中的他人的。

别人都看不起我

我们陷入抑郁时会变得敏感，他人中性的言语或态度都可能会刺痛我们，被我们解读为轻视或否定。这也是我们逃避社交的一个重要原因。而在我们的内心挣扎如此强烈的情况下，这种外在的轻视与否定更容易成为压垮我们的最后一根稻草。既然他人如此“可怕”，为何还要主动和他人来往？还不如把自己隐藏起来。但如果真的选择了隐藏自己，我们就永远不会有机会发现问题到底在哪里。外界的否定，是一种真实存在还是一种主观臆断？如果不敢面对我们所恐惧的，我们就会丧失成长的可能。

有时，这种敏感几乎达到“妄想”的程度。别人在一旁聊天，我们会担心别人是不是在谈论自己。这种担忧几乎控制了我们的生活，以至于生活中的我们过于谨小慎微，战战兢兢。

一位患者是这样评价自己的：“生活中的我，就好像是一只吓坏了的小老鼠。”为了不受到他人的否定，他要么选择逃避，要么表演完美，隐藏真实的自己，似乎只有这样才能让别人挑不出毛病。但就算是这样，他也不会放松，毕竟他不能把所有的事情做完美，也无法得到所有人的认同。

形成上述问题的原因可能来自三个方面：外移作用、病态要求、消除自恨。

外移作用 就是把自己的想法强加在他人身上，认为他人也具有和自己同样的想法。理智一些就会发现，生活中其实没那么多人关注我们，也没那么多人有精力和时间评判我们，更多的是自我否定的外移——不是别人讨厌我们，而是我们一直在讨厌自己；不是别人没有接纳我们，而是我们一直没有接纳真正的自己。

一位女性患者因为年轻时和一个有妇之夫发生过关系，就认为别人看自己的眼神不正常，大家都看不起自己，所以调动工作后，她不敢和当年的同事联系。事实上，不是别人记挂这件事，是她没有原谅自己。她逃避的不是别人，而是她自己的一部分——她无法面对的过去与真实的自己。要知道，因为外移作用的存在，我们眼中的“他人”已经不再是真正的他人，他们的行为和态度都已经被外移作用“上了色”。也就是说，这时的他人是经过我们加工与杜撰过的他人。哪怕他人表现出友好和尊重，也会被我们解读为同情或施舍。一些患者问我对他的印象和看法，即便我说出肯定的话，他也会解读为：“这只是对我的安慰或鼓励，你是咨询师才会这么说，不值得相信。”

一位女性患者认为没有人喜欢她，所以在生活中总是隐藏自己，并且力图把所有的事情做好，以摆脱自卑。在治疗中她也会问起我是如何看待她的，我说出肯定的话，她一开始很高兴，后来会怀疑我是她的咨询师才如此说，担心如果我不是她的咨询师就不会对她持肯定态度。其实，不是我在欺骗她，而是她选择性地过滤掉了自己的优点及值得肯定的地方。

雪儿曾在一家摄影工作室打工，后来自己成立了摄影工作室，做起了老板，但这一天也成了她“噩梦”的开始。因为她的工作室和她工作过的工作室在同一条街上，从开业的第一天起，她就背负起了沉重的思想负担，认为自己抢了对方的生意，所以不是一个好人。慢慢地，她开始担心别人也会如此看待她。最后，她干脆认为别人都觉得她是一个坏女人，她对他人的一举一动、一言一行都很敏感，看见别人闲聊，也担心是在说自己的坏话。

其实，别人不见得真的在谈论她，只是她把自己的想法外移到别人身上了。人无法原谅自己的错误及不完美之处时，会有一种“做贼心虚”的感觉，接着会觉得别人也如此看待自己。这样的错误在临床中屡见不鲜，比如，一个不自信的人和别人谈话，对方皱了一下眉，他都担心对方反感自己了。一个抱着完美主义观念不放的人，没有做到自己期待的完美结果，会担心别人因此否定他。当一个人陷入自我中心思维时，会认为所有人都以特定的方式看待自己，就算有不同的声音，也会被他无意识地过滤掉。

要解决这种外移作用，首先我们需要意识到，“别人都看不起自己”仅仅是一种主观臆断，是外移作用在作怪，并认识到自卑与自恨的存在，正是因为自卑，才会将自恨外移。所以，只有放弃幻想，才能看清自己与他人。从另外一个角度说，有人对我们持否定态度又如何？难道你需要得到所有人的肯定？这么大的“胃口”只能在幻想中被满足，现实中是无法实现的。这个世界上本来就不存在被所有人肯定与接受的人，又何必对来自他人的否定敏感呢？

病态要求　当一个人被病态自负驱使时，他不仅会对自己，也会对他人提出各种病态的要求。在他看来，他人就应该对他好、尊重他、爱戴他、关心他、以他为中心。如果别人没有这么做，他就很容易理解为对自己的否定或伤害。而真实的情况并不是他人在“伤害”他，而是他需要别人的“溺爱”。别人没有“溺爱”他，他就会感觉被伤害与轻视。所以他所谓的伤害与轻视也不是来自现实，而是来自他人没有满足他病态的要求。

一位女性患者从小就觉得自己独一无二，很完美。她在七八岁的时候，感受到妈妈和姐姐冷落她，其实是因为她认为自己就应该得到别人无微不至的爱，若没有得到，她就会愤怒、生闷气。在以后的生活与工作中，她依然要求别人那样“优待”她，若他人没有按照她所期待的样子对待她，她就对他人不满。她希望搞好人际关系，却往往给人留下冷漠与高傲的印象，所以没有人喜欢亲近她。她就开始在自己身上找“毛病”，认为正是因为自己不够完美，所以才无法获得“公主”般的优待。她对自己相当苛刻，不允许自己表现出一点紧张及其他会影响社交的“缺点”。

病态要求有时也会指向自己。当患者认为自己就应该表现得完美、无懈可击、受到所有人欢迎时，就会对自己的表现相当敏感，一些无关紧要的问题在他的关注下会成为“大问题”。他可能会担心自己的目光是否影响别人，担心自己的呼吸是否会让他人反感，担心自己的紧张会不会“传染”他人，担心自己的某些缺陷会“辐射”到别人身上而让对方远离自己……**其实，如此担心也隐藏着巨大的“野心”**。因为他要把自己表演得无懈可击，所以会担忧任何可能影响他形象的东西。当他无法继续表演完美时，就会担心被别人否定，这其实也是一种自恨的外移，恨自己达不到“应该”。这一切和他人根本就没有关系，完全是他内心的“暗箱操作”。

所以，我们要认识到，他人没有义务那样对你。别人对你好，是心意，没有像你期待的那样对待你是别人的本分。你也仅仅是一个普通人，不可能在所有方面表现得完美无缺。只有放弃这种对人及对己的病态要求，才能真正客观地看待自己和他人，获得平等的人际关系，真正走近别人，也让别人真正走近你。

消除自恨 过于关注“他人是否看得起我？”本身就是一个问题，说明这个人缺乏来自内在的自我肯定。病态自卑者一方面容易将自我否定外移，认为他人都易于否定自己，另一方面也会过于依赖外在的肯定，以消除内心的自恨。理想化自我让他的内心充满了对现实中自己的不满与否定，他急需“援兵”（他人的肯定），来消除内心的自恨。但这样做也可能让患者很容易成为他人的“木偶”或“奴仆”，不敢提出哪怕合理的要求。虽然他也意识到这一点，却依然无法拒绝别人，很害怕得罪别人。这时的人际关系对他而言已经不再是一种单纯与平等的关系，还附带了人际关系本不该承担的责任：消除自恨。因为容易被他人利用或轻视，这个“善良”的人心中也充满了愤怒与不满，但为了讨好他人，他不能把这种不满表现出来，所以他的人际关系流于表面，缺乏深度。

一位女性患者自嘲道："在工作中用'呕心沥血'来形容我一点都不过分。"领导对她的批评她不敢反驳，即使责任并不在她；她不喜欢某个人，脸上也总是对对方带着微笑；同事对她提出的要求她总会满足。除了本职工作，她还要承担如此多的"额外"工作，所以工作和人际对她来说变得异常艰辛。

不要让人际关系承担过多的"责任"，毕竟人际关系不能消除自恨，不能维系自负，就算可以，也是暂时的。一个人内心的挣扎，只能通过自己来解决，而无法通过他人的接纳来达到自我接纳。所以对"别人都看不起我"的担忧，是一种外移作用，而非客观现实。友谊的基石来自自我接纳，不然只能沦为"神经症式的友谊"。

一切都是我的错

在抑郁的状态下，患者很容易把问题的责任往自己身上揽，就算自己没有错，也责怪自己不好。举一个极端的例子，就好像一个人被踩了一脚，本来是对方的错，他却责怪是自己影响了对方的脚落地。这种事情发生时，他经常会生自己的气，认为都是自己的错造成了不好的结果。在遭到异性的拒绝或朋友的背叛时，他也不会客观地评价个中责任，无法判断这是不是一种正常现象（毕竟没有人能和所有人成为朋友或恋人，因不合适而分开也属正常），他只会一味责怪自己，认为是自己的错误、失败、缺点、不可爱，才导致了这样的结果。这样做他很痛苦，却一直"习惯性"地如此。

一位男性患者在文具商店工作时，有时需要为客户送货上门。他对客户的态度非常敏感，如果对方对自己不热情，他不会认为对方没有礼貌，反而会认为是自己不善言谈、不会表现，所以对方才如此对待自己。如果对方对他热情，他又开始责怪自己没有表现出相应的热情，觉得自己不够有礼貌。总之，他很难对自己满意。

“一切都是我的错！”反映了对现实中的自我的否定与排斥，同时也反映了一个人的病态要求：想通过改正自己所有的“错”，让所有人都接纳及喜爱自己。这种扭曲的自我否定，也是达到目的的一种手段——让自己变得可爱，更受人欢迎，并成为理想中的自己。所以患者会极其在意他人对自己的看法与评价，甚至会为了维系一种“和谐”的人际关系而不惜委曲求全。

一位男性患者的人际关系非常好，几乎和所有人都是朋友，他也自豪地说起：“每次年终评优，我的分数总是比领导高。”但有一次，他和一个同事发生了矛盾。朋友们都安慰他不用在意，他却无法释怀，一直担心对方如何看待自己，甚至通过请对方吃饭及多和对方讲话等方式来“评估”对方对自己的看法及态度是否有改变。上班时他有时会用余光观察对方，虽然也知道没有必要如此，但就是整日处于紧张不安之中。其实，他“反常”的背后正是他内在追求的“正常”。他想通过完美的人际关系来维系高人一等的自负，所以他不能容忍人际关系的一点不完美之处。

自我否定与责任内化经常以“内疚”和“自责”的形式表现出来，虽然从现实角度来讲，这个人并没有错，但他总是无法原谅自己。

一位男性患者获得一百元奖励，开始他想捐给慈善机构，结果没有找到合适的捐赠机构，最后他决定用这笔钱为寝室同学买一个公用的哑铃。过了几天，一个同学过生日，需要大家筹钱买一个生日蛋糕，他就开始内疚了起来。因为他认为买哑铃出于自己的私心（他本来就想买一个），如果不买哑铃，这些钱就可以买一个蛋糕了。最后为了消除内疚，他决定自己出钱给同学买生日蛋糕。而他认为的“自私”仅仅是违反了他内心的道德感而已。

患者通过“内疚”与“自责”都无法“救赎”自己的“罪恶”时，会产生强烈的“负罪感”。

一位男性患者对自己在人际关系中的表现非常敏感，表情不够平和、目光不够自然时，会恐惧见人。一来他害怕别人会因此否定自己，二来他担心自己的紧张也会“传染”别人，尤其是当他发现其他人的状态也不自然时，他就会认为是自己影响了对方，给对方带来了痛苦，因此他不得不远离他人，并体验到强烈的负罪感。虽然他也希望博得别人对自己的肯定与关注，可即使周围的人对他表现友好，也会引发他强烈的焦虑，因为他不能像自己所期望的那样回报别人以友善与热情，而这时负罪感又会找上他。他有负罪感并不因为他“罪恶深重”，相反，这反映了他的“高尚情操”。正是因为他对自己提出了“超凡”的高道德要求，没有达到时，他才会体验到如此强烈的负罪感。而对他来说，不放弃负罪感还有一个好处——虽然自己的行为没有达到对自己的要求，但思想却依然可以“白璧无瑕”，可以维系一种高尚纯洁的自我形象，通过绝对的纯洁，来维系心中的自负。

有时，这种负罪感非常固执，很难用理智说服。即使各种证据都表明他没有必要责怪自己，他也无法释怀。

一位男性患者因为容易紧张，总认为别人会受到自己的影响。一次他坐的公交车出了事故，他责怪自己，认为都是自己影响了司机，才会发生车祸。

另一位女性患者自认为是一片乌云，走到哪里就会影响到哪里，得知所在公司有几个员工辞职，她开始责怪自己影响了他们的情绪，所以他们才会选择离开。直到得知其中一个女员工是因为装修房子而辞职，她才稍稍放心了一些。如此固执地认为自己影响了别人，其中隐含的病态要求是：自己不能影响任何人，自己要给所有人都留下完美的印象。她抱着这种病态要求不放，"持之以恒"地背负着负罪感，因为这样总归不至于让理想化自我的幻想在现实面前崩溃，总还可以用负罪感来维系自己幻想中完美的形象。

所以我们要放弃这种维系自负的手段。毕竟，你永远无法改正自己所有的"缺点"，也注定无法得到所有人的肯定。既然这条路走不通，那么就需要放弃这种扭曲的责任内化。当我们和他人的关系变得紧张或事情进行得不顺利时，不要一开始就把自己否定了，要停下来思考一下，责任到底在谁？当然，我们不能从一个极端走向另一个极端，认为一切都是他人的错。但至少我们要公平地对待自己，既然别人可以犯错误，为何我们不可以犯错误？既然别人可以不受某些人欢迎，我们为何一定要让所有人都喜欢自己？既然每个人都有失败与挫折，为何我们不能面对这种失败和挫折？如果一个人真的可以做到没有缺点，不犯错误，受到所有人的欢迎，这当然好，但这仅仅是一种幻想。我们要放弃这种不切实际的幻想与追求，接纳真实的自己。我们对自己宽容时，就会发现，其实并不是"一切都是我的错"，就算我们有错误，也不至于因此去否定自己整个人。

挥之不去的"伪装感"

伪装感，是患者经常会体验到的一种感觉。这种感觉会让患者对自己的表现更加不自信——就算自己表现得好，也不确定是真的好还是仅仅在伪装。受这种感觉的影响，患者甚至会怀疑自己收获的友情或爱情来自伪装。人越是想摆脱这种伪装感，这种感觉就越挥之不去，好像一片乌云罩在头上，让原本就不自信的人变得更加焦虑不安。

这种伪装感有时来自三个方面：表演的需要、自我贬损、完美主义。

表演的需要 上文已经介绍过这一点，为了追求或维系理想化自我的形象，患者必须在所有的事情上表现出色，以达到心中“普通”或“中等”的要求。为了完成他所谓的“普通”要求，他无视自己作为一个人的局限性，逼着自己在各个方面都达到他所谓的“普通”。比如，人总有自私的一面，他也是一个人，他也有自私和利己的需要，他也有需要他人帮助的时候，他也有脆弱及不如人的地方，但他会为了心中的“普通”标准舍己为人，虽然他也压抑了很多不满。他付出了太多的精力与时间，也压抑了真实的自我。

一位男性患者，他心情不好时，脸上也总是挂着微笑；即使他不想讲话，也会逼着自己风趣幽默；去菜场买菜他都会紧张不安，因为他害怕别人通过他的言行发现他的“问题”，所以不敢看别人的眼睛……因为他不能总是表演得无懈可击，所以每日的生活对他而言简直是受罪，而非享受。

患者有时会因为表演不出理想化自我而焦虑，有时也会意识到自己的伪装：可以感觉到自己为了维系理想化的自我的“刻意”；也会意识到自己为了把别人身上的优点变成自己的而做的“模仿”；也能意识到自己为了取悦别人的委曲求全及言不由衷，等等。所以，他知道很多时候他已经不再是自己，而仅仅是把自己扮演得完美而已。

自我贬损 这种情况主要出现在病态自卑者身上，因为他已经否定了真我的一切，看不到真实自我的价值，所以就算表现得出色，他也会归结为运气使然，而非自己的实力。就算他取得成功或受人欢迎，他也总担心别人把他看透。因为自我贬损，所以他会怀疑一切，怀疑别人，也怀疑自己。他在内心深处不相信自己会成功，不相信有人会真的爱上他。就算他表现出有能力和可爱的一面，他心里也总是缺少“底气”，甚至会觉得自己欺骗了所有人。别人喜欢他，他会怀疑别人的目的。从中我们会发现，这种“伪装”反映的是一种对真实自我的不肯定与不接纳，而不意味着他是一个虚伪的人。

完美主义 从完美主义角度来讲，什么是真诚？什么是伪装？这世上本不存在纯粹的真诚，也不存在完全的伪装。人与人之间本来就存在伪装的成分，那种坚持纯粹真诚的人往往会给他人带来真正的伤害。凡事都是相对的，没有人能一直真诚，就算你有不真诚的地方，也不意味着你所有的一切都是在伪装。所以被伪装感所困的时候，我们需要分析这种感觉的来源，而不是因这种感觉而自我怀疑。有时正是因为害怕被拒绝与被否定，我们才人为地提升了真诚的程度，因为害怕自己成为一个虚假的人，才更加努力地真诚。其实，对真诚的刻意追求是为了真诚而“真诚”，把自己装扮得“真诚”来博得别人肯定罢了。

我陷入抑郁时，也曾被伪装感所困。后来我终于意识到：感觉自己虚伪，并不代表我就是一个虚伪的人，毕竟感觉不代表现实。感觉是用来分析的，而不是用来全盘接受的。重点是发现这种感觉来自哪里，而不是因此否定自己。

无法停止的“愤怒”

在抑郁状态下，患者会体验到强烈的愤怒，这种愤怒可能会指向他人，也可能会指向自己。有时，它强烈得让人来不及思考它到底来自哪里。有些人会把这种愤怒爆发出来，但若他因此伤害了他人（有时是亲近的人），他又会陷入深深的内疚。有些人为了维系“良好形象”，也会把愤怒隐藏起来，虽然心中积压了很多不满。有时因为害怕在冲突中失败，人也会压抑愤怒。虽然压抑愤怒可以暂时避免冲突，但这种隐藏的愤怒并没有消失，它会以隐秘的形式表现出来，人可能因此对自己更加不满。

愤怒不仅破坏了我们的情绪，也影响了我们的人际关系。

那么这种对人及对己的愤怒来自哪里呢？

首先我们来分析对自己的愤怒。病态自卑者往往会对自己感到愤怒，因为自卑与自恨，所以当他表现得不如自己想象中那么完美时，就会对自己发火。比如，他没有表现出“男子汉”的勇气，或被他人轻视、否定时，他就很容易责怪自己没有有效地反击那些伤害自己的人，并认为如果自己是“男人”，就一定不会这么软弱。他往往不会从现实的角度考虑（如，不值得为一些小事大动干戈），只会一味对自己生气。比如，就算他的爱人移情别恋了，他也不认为自己遇到了不合适的人，只会认为自己不够可爱、不够有能力，并认为如果自己足够可爱、足够有能力的话，这一切就不会发生；就算他表现出绅士风度，没有对一些不值得理会的人发火，他也会认为自己懦弱可欺，所以别人才敢如此对待自己；就算他受到了伤害，他也不会同情自己，反而会因为自己没有能力避免这种伤害而自恨，等等。其实对自己愤怒也是一种自恨的表现，他恨的是现实中的自己没有想象中的自己那么有能力、有魅力、受人欢迎。又因为自贬，就算他想对别人发火，也不会认为自己有资格发火，或有能力在冲突中取胜，所以他压抑了自己的愤怒，虽然这种压抑能让他避免在冲突中失败，却会成为新一轮自贬的理由。他可能会这样对自己说：“如果你是一个有能力的人，就不该这么懦弱。”

由此可见，对自己的愤怒产生于自恨。它让我们看不清事实的真相，辨不清什么时候应该发火，什么时候要学会忍受。我们只会一味苛责自己，认为自己无能。

病态自负者的愤怒会更多地指向别人。因为自负，他很少会看到自己的错误与不足，他已经把自己当成理想中的自己，在他的心中他就是独一无二的，是不可侵犯的。所以他不能容忍哪怕一丁点儿的伤害。他报复心极强，因为报复也是一种捍卫其自负的手段。

一位男性来访者说："在生活中我经常会愤怒，当然有时会隐藏起这种愤怒，不会经常表现出来。但在亲人身边我却很'真实'，因为在他们面前发火不会受到惩罚。当我发现有人插队时我会愤怒；当别人没有公平对待我时我会愤怒；当他人对我不够尊重时我既对他人愤怒，同时也会对自己愤怒，因为我没有做到让所有人都尊重我、重视我。"生活中不乏这样的人，开车时见别人超了车，就愤怒不已；若自己没有受到服务员的"优待"，就会把这种情景解读为一种欺辱，甚至会和服务员大吵；别人占了他一点便宜，他也会大动干戈……

病态自负者对"尊重"特别"情有独钟"。

一位男性病态自负者和同学走在街上，同学说道："如果以后有车有房，我就觉得很有面子了。"他虽然没有说什么，但心里清楚，就算自己有一栋楼都不会觉得有面子，他需要得到所有人的尊重和认可才会觉得有面子。所以，在生活中他非常敏感，害怕被他人伤害，就算是他人善意的玩笑，或用手拍了一下他的头，他都会愤怒不已。他经常会为了一些小事和别人发生冲突，虽然他也知道不应该如此，但就是控制不住自己。

病态自负者除了对"尊重"过于关注，对"公平"也有着固执的追求。

一位大学生仅仅因为期末考试时老师划了考试范围，就对学校和老师愤怒。他的愤怒理由是：我这么努力，划了范围就看不出我和其他人的差距了。从理论上来讲他是有道理的，但为何他会如此敏感？关键在于，如果划了考试范围，他就有可能被他人超越，也就无法维系他的优越感，所以他的愤怒才被扩大化，他也才对所谓“公平”如此关注。如果他所追求的“尊重”和“公平”没有在现实中得到满足，或者他受到他人伤害及不公平的对待，他会非常容易记仇。有时，患者回到家里，头脑中充满了各种不如意的事情，情绪也往往会因此变得易激惹。有些事情虽然已经过去了若干年，但曾经让他感到被伤害，便可能会在他的记忆中留下深刻的烙印。正是因为如此害怕被伤害，有时他也会极其担心自己会被打、被羞辱，虽然这种事情发生的可能性极小，但他依然会为此焦虑不安，因为他的自负不允许他受到任何伤害，他会为了这种极小的可能性担忧。

有时，患者会一味地把愤怒的原因归于外界，认为这个社会不好、他人不好、工作不好等，从来没有反思愤怒到底来自外界刺激还是来自自己内在的自负，所以他总能找到各种理由来为自己辩解，比如“如果身边的人更有素质就好了”“如果我更有权势就好了”。他没有意识到，他正在用这些看似合理的理由为自己的病态要求辩护。

愤怒本来是人类的一种自然情感，但因为理想化自我的存在，患者往往会陷入自设的旋涡中——愤怒不是被扩大化，就是被压抑。如果他的自负来自战胜他人，他就会更多地出现因愤怒而产生的报复行为；如果他的自负来自在他人面前维系完美的形象，他就会不停地压抑愤怒，力图表现得有修养；如果他存在既不能被他人轻视，也不能伤害他人的病态要求，他就会陷入“前也不对”（发火也不对），“后也不行”（不发火也不行）的矛盾中。

一位男性患者，为了不被人伤害，他在生活中就像刺猬一样，常对他人怒目而视，睚眦必报，而当他伤害别人时，他也会不停地内疚，怨恨自己为何表现得让人难以接近。他陷入了两种神经症需要的冲突之中——被所有人尊重及被所有人喜爱的病态要求。他愤怒是为了让他人尊重自己的努力，但这种努力又妨碍他被所有人喜欢和接纳的病态要求，所以他无论怎样都是错，他的愤怒已经成了一种满足病态自负的手段，而不是愤怒本身。

当愤怒成了一种维系自负的手段，或是病态要求没有在现实中得到满足时的外在表达，它就不再和刺激事件正相关。患者不是不敢表达愤怒，就是充满了火药味；不是让别人觉得过于软弱可欺，就是让别人感到无法接近；不是憎恨自己，就是对他人和这个世界充满了愤恨。只有静下心来问问自己“我为何如此愤怒”，找到愤怒背后的真正原因，才能让愤怒成为一种顺其自然的事情，而不是恐惧它，或过度地表达它。

社会比较：我是一个失败者

现代社会中充满竞争，所有人都会被进行某种比较，比如，挣的钱是否足够多，长得是否漂亮，能力是否和别人一样强，是否吸引人等。普通人也会无意中做这样的比较，但这种比较不会挫败他对自己的信心与自我接纳。毕竟没有人能把所有的事情做好，也没有必要拿自己的不足和别人的长处比较。人可以客观地评价自己与他人，清楚自己的缺点，也知道自己的优点与值得肯定的地方。就算有人比自己更出色，也不会因此而自怨自艾，因为他懂得“人外有人，天外有天”的道理。

生活中总有人比我们出色、有能力，这是客观现实，不是自我否定的依据。例如，我的职业是心理咨询师，虽然口才对我很重要，但我没有必要和主持人比口才。虽然专业技能对我很重要，但我必须承认很多专业人士比我更有才能，而我并不会因此自卑。

人生重要的不是进行这种无意义的比较，而是过自己想过的生活，做自己想做的事情。如果快乐仅仅来自超越他人，那么我们将永远无法获得幸福。这种只为了“取胜”而活的人，将会活得很累、很辛苦。如果我们把快乐完全寄托在事情的结果上，我们就无法真正从过程中获得快乐。

病态自卑与病态自负者在这种“社会比较”中都不客观，总会受到理想化自我的干扰，不能客观地评价自己与他人。病态自卑者在社会比较中总是把自己看成失败者；而病态自负者在这种社会比较中却总能找到高人一等的优越感，虽然现实中他并不比别人强。

病态自卑者往往会和那些在某些方面明显比他强的人进行比较，这反映了他对理想化自我的追求。因为理想化自我的存在，他认为自己应该是善良的、漂亮的、开朗的、有能力的、受人欢迎的，但现实中的他恰恰并没有达到这些“应该”。他还是幻想“自己可以做到，只是抑郁成了绊脚石”，并认为如果没有抑郁，一切都将不同。如果他无法放弃理想化自我的幻想，就无法意识到这种病态比较的问题所在。他依然会固执地认为，正是因为自己不够有能力，才无法在所有的竞争中取胜。结果，他越来越无法看清事实，也无法放弃这种病态的比较。他只会一味地盯着自己的不如人之处，而忽视自己的优点，并会无意识地去美化自己所不具备的优点，放大自己的缺点。结果，当他在人群中时，就会觉得自己很“渺小”，别人很“高大”，而越发自卑。

病态自负者大多数时候并不会感到自己失败，但意识到出现无法克服的缺点时，他往往会感到自己在自卑与自负的两极徘徊。自卑是因为他没有成为理想中的自己，而自负来自他把幻想中的优点集于自己一身。所以，就算口头上承认自己失败，内心深处他依然认为自己鹤立鸡群、高人一等。虽然他幻想自己是完美的，但现实总会自动找上门来，让他认清自己的真相——自己只是一个有缺点的普通人。所以，有时他会回避一些他无法取胜的事情或不能超越的人，这看似偶然，实则必然。只有这样，他才能保持优越感。他会尽力回避做不擅长的事，即使这种失败其实不算什么。例如，一位女性患者，读小学时因为当众唱歌没有发挥好，以后就再也不登台表演；她初中时在运动会上没有取得好成绩，就再也不参加运动会。虽然她嘴上说对这些不感兴趣，实则是在逃避。只有这样，她才能逃避现实以捍卫自负，才能继续在幻想的世界中飞翔。

一些“中毒太深”的患者，即使现实的失败摆在面前，他还是能自欺，比如：认为“我就是很漂亮”“我就是很完美”“我就是很成功”“我就是不平凡”。当别人指出其自负缺乏现实基础时，他也总能如数家珍般地列举出过去的成功经历。比如“我小学时如何如何，中学时如何如何，过去如何如何……”，有时他也会轻易地“打败”他人，如“他人学习好，但我体育好”“他人体育好，但我个人素质好”“他人长得好，但我有气质”“他人有气质，但我有文化……”，为了维系病态的自负，他可谓是费尽心机，就是不愿承认自己的不足，也无法面对自己的不如人之处。所以他总是能找到自己的好来“打败”别人。但当他不得不面对现实时，就会陷入深深的自恨。因为他要在各个方面都胜过别人。为了求胜，他会放大自己的优点；为了求全，他会因为自己的不足而自卑，结果他就在自卑与自负间摇摆不定。

失败，因何失败？虽然表面上看他是在和他人比较，但实则是和理想化自我比较。因为他期望比任何人都强，不能被他人超越，受到所有的关注与肯定，摆脱作为一个人的局限性，所以才会关注自己哪怕一丁点儿的缺点，才会和所有人的优点做比较，才会一味地因为自己的“不够好”而自贬，才要解决自己所有的“缺点”。只有这样，他才能捍卫自负，他才能继续维系理想化自我不可动摇的地位。正因如此，他不能用理智的想法来放弃这种病态的社会比较。

回归理智的关键在于认识到这种社会比较的非理性及这种社会比较的内在动力的来源，只有认识到这一点，才能为放弃这种病态的社会比较铺平道路。也只有意识到这一点，在面对失败和挫折时才能对自己有一种发自内心的同情而非怨恨，在别人没有满足我们的要求和期待时，才能对别人产生一种发自内心的宽容而非苛责。

我找不到朋友

神经症患者会有找不到朋友的困境。究其原因，并不是其缺乏交往技能或人品差、缺点多，而在于其内心的挣扎。他们不是因为过于自卑而不能与别人平等相处，就是过于自负而不把任何人放在眼里。在这种内心冲突的扭曲下，他们无法客观地评价自己，也无法客观地评价他人。这种对自我与他人的扭曲认知，也就扭曲了他们的“朋友”这一亲密关系。

病态自卑者因为过于自贬，为了获得“友谊”（他需要的不单纯是友谊，更多的是希望通过友谊来消除自恨）不得不卑躬屈膝，讨好他人，甘愿屈于人下，压抑自己的负面情感。并且，因为外移的作用，他会认为别人看不起自己，所以缺乏主动与他人接近或进一步交往的勇气，害怕别人发现他的“本来面目”。就算他有朋友，也很难相信朋友是真心喜欢自己，一个缺乏自爱的人，怎能相信别人是出于真心爱他？因此，对他来说，当他无法确定别人对他是否持肯定态度，无法相信自己能给他人留下好印象，不想再继续扮演“好人”时，最简单的办法就是逃避人群。

另一种变相的逃避就是成为他人的“小跟班”，他既不敢维护自己的权利，也不能表达真实的情感，只能成为一个缺乏个性的“木偶”。他情感的表露不是出于自身的需要，而是完全迎合他人的喜怒。

一位女性患者，她在人际交往中不敢表达愤怒，就算别人伤害了她，她也不会立即发火，而会去询问别人自己是否应该发火。因为她不敢犯错，不敢因为自己的错误而“伤害”他人，只有确定自己是百分之百正确时才敢发火或表现出自己的不满。因此，人际关系对她而言已经不再是轻松愉悦的事情，而变成了一种沉重的负担。

病态自负者则要么过于自大，认为根本就没有值得自己交往的朋友，要么仅仅把朋友当成一种自己“受欢迎”的证明，要么过于伪装自己，让人际关系成为自己表演的舞台。所以有人的地方就会让他紧张不安。

下面是一位患者对其生活中人际片段的描述。

片段一：我乘火车回南京。在火车上，我和旁边的一个男人发生了矛盾。他说我总是在座位上动，影响了他，并且发起牢骚来。他第一次发牢骚时我没理他。后来他又发牢骚，我火了，对他说：“我在自己座位上动关你什么事！”他很生气地说：“影响我休息了。”我说；“影响你休息怎么样！”后来乘务员安排他去后面的座位上，我顺手将自己的包放到了他的座位上。他说：“把你的包拿走。”我仍然将包放在他的座位上，他说：“这人素质真差，欠揍。”我说：“老子就素质差怎么着。”显然，在整个争执中，我占了上风，我扮演了一个强者和恶者的角色。其实，这正是我需要的“霸气”。

片段二：朋友将期末考试的卷子给我送过来了，晚上我请朋友在饭店吃饭。朋友问我最近在干什么。我又开始演戏了，我说：“最近帮哥哥的公司跑业务”，他关心来关心去，我编来编去，感觉很累。其实，我最近天天在“放羊”，什么事都没做。怎么活得这么憋屈，处处都是障碍。感觉自己一点出息都没有，说实话我现在都怕见朋友了，朋友认为我混得不错，其实，我什么也没做。我发觉自己还是蛮在意别人对我的评价的，这又是我的一个致命弱点。我现在发现自己千疮百孔，让我生不如死。

通过这两个片段我们会发现，患者通过扮演强者和恶者来占上风，找到需要的“霸气”；通过“演戏”来维系自己在他人心中的“完美形象”与“人气指数”。所以他活得不真实，不敢让他人了解真实的他，依然活在病态自负的幻想当中，不敢面对现实与现实中的自己。他宁愿装恶人，宁愿说谎，都不愿撕下自负的面具。因为被自负驱使，他已经不再是真实的自己，又怎能拥有真正的朋友？朋友都成了他“完美表演”的观众，没有人真正了解他。

有时，病态自负者也会怕见人，但他又不理解自己怕人的原因，因为他往往认为自己优秀、高雅、成功，似乎找不出怕人的原因。既然“人”没有什么让他恐惧，既然他还有一种同他人相比的优越感，那么他为何会怕人？因为他一直追求完美无缺，一直追求受人关注，一直追求优于所有人，所以别人就成了“评委”与“裁判”，所以他才会因为自己的一点儿瑕疵，因为他人对自己的一点儿否定而恐惧——这样他就无法维系心中的自负了。有时就算别人根本没有关注他，他也会紧张不安，因为他害怕自己没有表现出“应该”的样子，害怕自己过不了自己这一关。

因为自负，在他同时代的人或同城的人当中，他甚至找不到自己真正欣赏的人。就算有朋友，他内心也缺乏对朋友的尊重。这种朋友关系有时仅仅是一种证明他是一个“好人”的配件，或是在寂寞时打发时间的工具。

一位男性患者，他认为自己在小学和初中时比较优秀，而在高中和大学时比较失败。参加工作后，他只和高中以前的同学保持联络。我问他为何不与高中和大学的同学联络时，他说：“他们的存在就是我失败的一种证明。”而他一直力图把那些“不堪回首”的过去忘掉。

找不到朋友是可怕的，但和所有人关系都好同样令人不安。一些人的自负建立在完美人际关系的基础上，因为他的“表演”，因为他的“善良”，因为他的“大气”，因为他的“完美”，他的人际关系确实不错，似乎都找不到和他关系不好的人。就算如此，他在人群中依然不会感到安全和放松，因为这种“和谐”的人际关系来自“苦心经营”而不是“水到渠成”。有时，为了维系良好的形象，他绝不敢把心里话告诉“朋友”，担心这会破坏他苦心经营的“好人”形象。其实这种被美化了的人际关系，仅仅是他维系自负的一种手段。他并不是真的关心对方，别人也只是他达到其内心隐秘目的的“棋子”而已。

当病态自负的“病毒”侵入人类纯真的情感时，患者不仅有内忧，而且有外患，让原本冰冷的心雪上加霜。当他扭曲了现实中的他人时，他人不是变成了“猛兽”，就是变成了“蝼蚁”，抑或是变成了“裁判”，结果他整个人就好像生活在一个“异度空间”里，别人无法真正走近他的世界，他也穿越不了这层自设的屏障。在这个空间里，他一会儿成了巨人，一会儿成了矮子；他人一会儿成了圣人，一会儿成了恶魔；这个世界一会儿绚丽多彩，一会儿乌云密布。因为贪婪，他不愿离开这个“乌托邦”，但他注定因此迷失在幻想的国度当中。

爱与性

神经症的需要会影响我们选择恋爱对象。我们选择谁或不选择谁，看似出于一种本能的偏好或偶然的缘分，其中却包含着潜意识力量。所以，生活中一些人选择恋爱对象时，往往会犯一些“低级”错误或容易一错再错。

一位男性患者希望找一个关心他、爱他、听话的妻子，结果却选择了一个独立又以自我为中心的女孩。婚后，他们陷入矛盾的纠结中，他总是对她的行为不满，他总是得不到期望中的关心与体贴，但他依然不愿放弃这份感情。他自认为是放不下爱，所以希望对方能改变。经过半年的“相互折磨”，对方依然没有任何改变，因为无望，他的情绪变得抑郁。即便如此，他还是幻想着她能改变，能变成自己所期待的那样，关心他、体贴他，以家庭为中心。越这样幻想，现实对他的打击就越大，因为现实总是和他的幻想唱反调。我们不禁要问：既然如此，当初他为何要选择这个女孩？他说，不是一开始没有发现这一点，但他幻想结婚后一切会不同，就带着幻想结婚了。婚后，现实取代了幻想，他陷入无望的挣扎中。当我们深入分析他为何被对方吸引时，才发现问题所在：吸引他的不是爱。他爱的并不是妻子这个人，而是对方的独立、能力及丰富的人生经历，这些恰好是他所缺少的。或者说，选择她正好弥补了他的不足，这样他就可以通过另一半来完善自我，来维系自负。就这样，通过另一半来维系其自负成了他择偶的内在动力。他选择的不是爱，而是满足自负的需要。

在恋爱对象的选择上，神经症式的选择往往取代了出于爱而进行的选择，这种误把神经症的需要当成“爱”的做法，结果只能毁掉爱。

对恋爱对象的选择造成干扰的神经症需要往往可以分为以下几类：选择完美、病态要求、维系自负、病态依赖、爱的逃避。

选择完美　病态自负者往往存在“选择完美”的倾向。一个人如果在幻想的世界中把自己当成超人，就当然要找一个能够和自己匹配的对象，所以这类人比较难找到合适的人选，并以宁缺毋滥的恋爱哲学为自己的行为辩护。他们常会说：“难道一定要找一个人恋爱吗？如果找不到理想的人，还不如一个人过来得好。”虽然他们表面上坚强，内心却很脆弱。

因为这种选择完美的需要，现实中很少有人能吸引他，毕竟现实中没有人能达到他所期望的完美。因此，对他而言，网恋或异地恋往往具有某种优势。“距离产生美”，这种美不是来自现实，而是来自把对方美化。就算有一天他认清对方的真相，也不愿放弃这种美化。或者说，他爱的不是现实中的人，而是自己幻想中的人。所以他不愿放弃美化对方的努力，如果放弃了美化对方，他就会立即对那个人失望。

一位女性患者经历了两年的异地恋，虽然后来发现那个人不及自己想象中完美，但她却依然抱着幻想不放。她固执地认为，后来那个“丑陋”的人不是真实的他，真实的他就是那个初次相逢时留给她完美印象的男人。

一个人“胆敢”找一个完美的爱人，“潜台词”就是自己是足够完美的人。正是因为觉得自己足够高雅和脱俗，所以才对身边的男人（女人）看不上眼。有时，他们也会去恋爱，但对“硬件”的要求却很高，就算是“钻石王老五”也总能被挑出各种各样的毛病，因为他们追求的并不仅仅是钱这么简单，钱仅仅是众多标准之一。即使在地位和金钱这种可以量化的方面满足了他们的要求，素质及人品这种“飘渺”的东西，也绝难满足，毕竟现实中根本就不存在集所有美好品质于一身的人。相处一段时间后，他们很容易对对方不满，因为对方的“软件”没有达到他们的要求。所以他们也会经历一段时间的挣扎。如果他们的自负来自战胜他人，那么他们就会在对方提出分手前主动提出分手，因为这样就可以逃避被抛弃的现实，可以“自豪”地对自己说：是我看不上对方；如果他们的自负来自不伤害任何人，并绝对“忠诚”和“专一”，他们就不会先提出分手，只有对方提出分手他们才能得以解脱。后者无意中让自己扮演了受害者的角色，不愿损伤自己的“好人”形象，所以“爱”或“不爱”都成了棘手的问题。

如果自负受到破坏，如，得了某种传染性疾病，或有无法克服的缺点，那么他们的标准也会突然降低，降低到好像没有标准，只要对方能接受他就行。

对于“选择完美”的人来说，重要的不是对这种完美择偶标准的坚守，而是放弃。只有放弃对“理想型”的追求，才能找到真正的爱情。当然，要做到这一点的前提是放弃病态的自负，因为对“理想型”的追求，基于理想化自我的幻想。简单来说，因为自负来自幻想，所以这类人需要的另一半也仅仅存在于幻想而非现实中，他们只有从幻想中走出来，才能真正接受现实中的异性。

病态要求　对于病态自负者，另一半仅仅是满足其病态要求的工具，而非他真心爱的人。上文谈到过，因为病态自负的存在，他们会对自己、他人及这个世界提出众多病态的要求和“应该”。现实中的他人很难一直满足他病态的要求，但在爱情中他却可以披着“情感”的外衣，肆意地要求对方。

一位女性患者，一直觉得自己独一无二，与众不同，非常希望别人以她为中心，宠着她、爱她、关注她。在这种需求的作用下，她会把异性的关注当成“爱”，经常“爱”上不适合的人。此时，理智分析现实对她已经不重要了，她需要的仅仅是被关注、被喜爱的感觉，为了这种感觉，她往往会“奋不顾身”。而有时她的需要太过强烈，不允许他人的一点点忽视和远离，他人必须时刻关注她、为她着想。但这在现实中是不可能的，毕竟一个人无法对另一个人关心得无微不至，滴水不漏。所以，当他人没有做到她所期待的关注与爱时，她就会变得愤怒和不满。这种情绪又会很快地破坏她的“爱情”，所以她的爱情很难长久。从中我们会发现，她的“爱”来得快去得快的原因在于：她一直在寻求被关注与重视的感觉，而不是爱本身。

生活中也常发生这种情况，一方为另一方付出很多，但另一方依然不满足，觉得对方不够爱自己，不够关心自己，甚至怀疑对方对自己的爱。

有这样一位女性患者，她的爱人把她照顾得无微不至，但她依然不满，经常委屈地哭泣。原来，她从小就被父母照顾得无微不至，她获得了太多的爱，所以把这种对爱的渴求无意识地转移到了婚姻中。不是爱人做得不够，而是她要求得多，当对方没有满足其要求时，她就变得不满及愤怒，随后又会陷入抑郁中。

当我们责怪另一半不够体贴，不够关心自己的时候，我们需要反思，是对方做得不够，还是我们要求得太多。理智地思考这一问题，才有利于找到问题的症结所在。

维系自负 当病态自负者的自负受损时，“另一半”可以成为他的“心理医生”，帮他渡过难关、维系自负及其理想化自我的幻想。

一位女性患者，从小成绩优秀，考上了重点大学，毕业后她一心考研，努力了两年都没有考上。此时她的家人也开始关心起她的婚事，但因为她对学历及个人素质要求很高，所以相亲数次未果。最后她终于找到了一个研究生毕业，不吸烟、不喝酒的男人，高高兴兴地结婚了。婚后很多问题暴露了出来，她发现了对方的“陋习”，最后不得不以离婚收场。其实这一结果从开始就可以预见到，毕竟她找的不是爱，而是利用对方的研究生学历及“高素质”弥补自己受损的自负。

虽然爱情理论中有一条“互补论”，但刻意寻求互补可能和维系自负有关。如，自己不善于社交，就找一个开朗的人；自己没有学历，就找一个有“文化”的人；自己不够“阳光”，就找一个“阳光”的人来带动自己；自己能力有限，就找一个能力强的人；自己长得不够好看，就找个长得好看的人……当然不能说互补是一种错，但把互补当成一种爱或不爱的理由时，我们就需要警惕：当“条件”凌驾于“爱”之上，我们需要评估我们到底是爱对方，还是利用对方的“条件”来维系自己病态的自负。

病态依赖 顾名思义，病态自负者找寻的不是爱，而是一种“依赖”：

通过依赖获得神经症需要的满足。

当一个人被自负驱力控制时，会对自己提出各种不切实际的要求。比如，他不允许自己犯错，不允许自己有不完美之处，不容忍自己被他人否定，必须博得所有人的好评。如果他知道自己无法完成这一切，就急需一个“助手”帮自己实现，所以他需要依赖另一个人为自己的生活负责，为自己做选择，帮自己拿主意，替自己面对恐惧，以找到安全感，而且他也需要那个人无微不至地关心自己或服从自己。这样，他就可以不必面对现实，不必面对失败，不必面对恐惧，可以继续生活在自负的幻想中。

一位女性患者，她从不敢自己拿主意，明明心里已经有了选择和判断，但就是不能够自己下决定，每次她都会征求丈夫的意见。如果丈夫说的和她想的一样，她就很高兴；如果丈夫说的和她想的不同，她虽然不高兴，但也依然会按照丈夫的建议去做。此外，她是一个害怕迟到的人，所以每天她都很焦虑，但若有人和她同行，她就不担心了，因为这样就有人帮她“背黑锅”了。从中我们可以发现，她通过依赖他人来逃避责任与失败，这样一来，当失败来临时，她就总可以为自己的失败找到借口，可以继续“独善其身”。所以，这时的他人仅仅是其维系自负及逃避现实的工具。

其实有些人喜欢选择年龄比自己大很多的人作为婚恋对象，动机也大多产生于此，他们需要有人为自己的人生负责，希望得到无微不至的爱，在对方身上找到自己所不具备的品质，进而完善自我。年长的人正好可以满足他们这一病态的需要，当然这时的“爱”仅仅是一种达到“目的”的手段而已。

一位女性患者总是被比自己大十岁左右的人吸引，她认为是自己小时候缺爱所致。但后来分析发现，她被年长的人吸引的真正原因是：她往往会美化对方身上的优点，而这些优点恰好是她所缺少的，所以她可以通过和对方的交往来“摄取”养分，进而提升自我，并且得到她所“欣赏”的人的肯定和接纳，也极大地满足了她的自负。因为年长的人可以维系和稳固她的自负，所以这成了她被年长的人吸引的内在驱力。

病态依赖的一个重要作用是减轻自恨。但可悲的是，越需要“爱”，现实中就越得不到爱。越想快速找一个人结婚，就越难找到结婚对象，就算找到了也会很快分开。为何如此渴望爱的人得不到爱，如此渴望婚姻的人会更容易失去婚姻？答案就是：他们要的不是爱和婚姻，只是通过爱和婚姻来解决自己内心的挣扎。但爱和婚姻并不能解决人尚未解决的内心冲突，所以就算他们得到爱或婚姻，也总是会失望。必须放弃这种通过“爱”来拯救自己的努力，因为这样只会让他们失去爱，并且无法得到他们所期待的“拯救”。

爱的逃避 当病态自负者的自负受损，当病态自卑者陷入严重自贬中时，他们就会逃避爱。虽然在普通人眼里他们条件还不错，但因为自卑与自恨，他们看不到自己的价值。因为没有接纳真实的自我，他们经常说的一句话是：“等我好了再说吧！”就算遇到自己真正喜欢的人，他们也不会去主动争取，所以错过很多机会，又因为错过了这些机会而更加自我否定。

当年，我就一直在逃避爱，害怕遭到拒绝，遇到自己喜欢的人也不敢争取。越是逃避，越看不起自己，就越喜欢幻想自己好起来会如何。后来我终于明白，不去争取，就永远无法得到爱，不面对现实，将会永远活在“有一天”的幻想当中。

不仅在爱情与婚姻的选择上，在爱情与婚姻的进程中，神经症的需要也会破坏两个人亲密的关系——病态自卑者极其害怕失去对方的爱，而病态自负者则会对对方极为挑剔与不满。有时，因为“选择”就是错（满足神经症的需要，而非真我的需要），两个人很难幸福。“源头”上的错误更容易导致分开的结局。当然，如果他的自负来自维系一种表面完美的婚姻，他也会选择固执地坚守，不是因为爱，而是害怕破坏他完美的形象。

一位中年女性，她爱人的外遇都到了大张旗鼓的程度。她很担心在街上或商场里会遇到爱人和那个女孩在一起，怕自己会尴尬得不知所措。她已经试图挽回爱人的心，但爱人根本没有回头之意。按说，婚姻到了这一步，大多数人会选择离婚，但她一直苦苦地支撑。不是因为爱，而是因为这些年来她一直在朋友和亲人面前维系一个成功女人的形象：工作顺利、家庭幸福、孩子争气……她不允许自己苦心经营的“完美女人”形象受损，宁愿活在痛苦中，也不愿面对现实。

第二节　抑郁与工作

神经症的需要会影响我们的友谊与爱情。同样，这种病态的需要也会影响我们对学业、职业、梦想的选择。当我们被自负驱力所控制的时候，会丧失对事情本身的热爱，一切都会被简化为是否成功、是否出色、是否高人一等、是否受人关注、是否完美无缺……只剩下结果，其他一切都是多余。

患者会把这一切解读为“上进心”，并害怕因丢失这种“上进心”而堕落，却很少反思这种“上进心”的内在动力。驱力不同，就会产生不同的结果，所以“上进心”不见得是优点，不要用冠冕堂皇的理由来掩盖自己病态的需要及追求。

如果细心分析，就会发现神经症患者的“上进心”不仅表现在一个“点”上，还会反映在整个“面”上。他不仅希望事业成功，更希望在他人面前维系完美的形象，同时也追求爱好方面的“专业”与胜人一筹，总之，只要他关注的事情就“没有”小事。这也就更容易理解为何他是一个“悲观主义者”，因为他总是关注自己的“不够好”与他人的“不够好”，再多的“好”他都会视而不见，他的“上进心”要求他“全都好”。我们也会发现为何“可怜之人必有可恨之处”，因为他的“胃口”极大，总是“吃不饱”，正所谓“人心不足蛇吞象”。

有些人对“成功学”特别痴迷，因为这满足了他自负的需要。但很多时候“成功学”并没有让他成功，反而让他活得越来越累。

一位男性患者特别痴迷“成功学”，后来他发现：“朋友是多了，负担却重了，因为我不能让所有人都满意；钱是多了，但我却无心享受，因为还有更多的钱等着我去挣；亲子教育的知识是多了，但孩子还是原来的那个孩子，气得我都想把他屁股打烂……”成功学虽然让他有所“成就”，但也让他的生活越来越盲目，对自己越来越不满。

所以，当我们被“上进心”搞得疲于奔命时，要停下来问问自己：为何一定要有上进心？我一直在追求什么？它对我有着怎样的意义？发现“上进心”背后隐藏的东西，比一味追求“上进心”更有意义。

学校与工作的选择

是否要继续求学？选择什么样的学校？选择什么样的工作？这些本可以顺其自然的事情，在神经症患者身上都会变得“不自然”，因为他们急于证明自己，急于满足自负的需要。他们自认为鹤立鸡群，“忘记了”自己真正的渴求。

一位男性患者，他读了五年高中，原因是他不能面对自己仅仅考上专科的现实。另一位患者为了考研而考研，整天装模作样，什么都没有学进去，还在继续苦读“圣贤书”。其实他对所学的内容并不感兴趣，只是关注自己是不是研究生。这时，读书于他已是一种煎熬，而非快乐。

是否要读大学，要读什么样的大学？普通人会依据自己的能力和志向做出适合的选择。但对神经症患者而言，因为病态自负的存在，他们不能不上大学，也不能上达不到自己理想的大学。因此，他的“选择”不可能根据实际情况出发。如果他没有上大学，未来会一直试图圆自己的大学梦，即使他根本就不喜欢学习；如果他没有考上理想的大学，就会逼着自己考研，通过考研来“一雪前耻”。他也不会根据自己的实际能力选择合适自己的大学，他的眼中只有重点大学，其他学校完全不在他考虑的范围。当然，如果他的自负来自“决不能失败”，那么他也会选择一些低于自己水平但却能稳妥考上的大学。

一位男性患者为了避免升学失败，不得不选择了他根本就不喜欢的学校及专业，自然后来也做了自己不喜欢的工作。他付出了这么多，仅仅是为了逃避失败，避免自负受损。

要选择什么样的工作？当然不同的人会有不同的看法。但对神经症患者而言，什么工作并不重要，重要的是能否显示出他的高人一等、与众不同。一位男性患者，他是一位成功的商人，在治疗的过程中，他总会提起自己又做了几笔大生意，挣了多少钱。一开始这并没有引起我的注意，后来这样的“剧情”不断地上演，我才发现他谈论的不是钱，而是用钱来证明自己的“伟大”，用钱来打败我，来满足他高人一等的需要。当然，这并不是说他不应该去追求金钱，但如果这种追求仅仅是为了维系病态的自负，用来找一种把他人踩在脚下的优越感，那难免得到时就自以为高高在上，没有得到时就感慨“怀才不遇”，甚至愤恨社会的不公，这样的追求不会给人带来真正的快乐，相反还是沉重的负担。因为只能成功，不能失败。失败，就意味着幻想的破灭，患者也就无法维系骨子里的自负了。

一位女性患者为了用钱消除自恨而决定去做销售，因为她听别人说做销售赚钱快。但后来她说："在我做销售的几年时间里，几乎没有赚钱，反而还赔了不少。最后我才发现，做销售并不像别人说的那样赚钱！"当然，不见得做销售不能赚钱，只是，一个人若满脑子都想的是用钱、成功证明自己，消除自卑与自恨，他就已经没有多少精力放在工作上了。或者说，这时的工作仅仅是满足其病态需要的一种手段，而非目的。工作就像爱情一样，如果把它当成一种手段，那么最终将一无所得。

如何正确选择工作与学校，这个问题的答案其实在每个人的心中，因为每个人都有自身的需求和喜好，所以要听从内心的声音，而不是满足自负的需要，不然只能让工作与学习"变质"。当我们不再逼着自己一定要达到怎样的结果时，我们真实的需要和渴求才能慢慢地浮现。

工作中的完美主义

工作，做到什么程度才够？做到什么程度才算好？当一个人被病态自负驱使时，他不仅要给人留下完美的形象，事情也同样要做到无可挑剔。当他无法达到自己所期望的结果时，就会陷入抑郁。一位男性患者，在工作中他宁愿委屈自己，也不得罪别人，每年评先进，如果他不主动放弃，几乎年年是他。他不仅人际关系好，而且事业也非常顺利，在他这个年纪能做到他这样职位的人并不多。但有一次，他因为工作上的问题受到了上级领导的批评，虽然责任不在他，领导只是借题发挥而已，他却陷入了抑郁状态，出现了浑身乏力、不想做事、不想吃饭、情绪低落等症状。

工作是人对自己喜好的追求与实现潜能的方式，但当其中包含神经症需要时，事情就复杂了。为了满足自负的需要，患者必须把事情做得尽善尽美，不能比别人差。他们往往不承认自己要求高，也不认为自己在追求本不存在的完美，反而会认为自己的要求仅仅是一种“普通”或“每个人都能做到”的标准。

一位女性患者在药房工作，对工作非常认真，不允许自己犯一点错误，所以工作起来比别人累很多。单看这一点我们可以认为她很敬业，但深入了解后才发现，这仅是她生活的一个“点”而已。每天出门前，她都要把当天需要做的事情在头脑中列出来，以防自己浪费时间；家里如果有东西没有收拾好，她就不能安心做其他事情；公公做菜的时候放了味精，她就会担心味精损害女儿的神经系统；一次带女儿出去玩，女儿摔倒了，她又开始自责，认为自己不是个好母亲……按照她的标准来衡量人，相信这个世界上没几个“合格”的人。

她的担忧反映出她的“需要”没有在现实中得到满足，以及她为没有做到心中的“应该”而自责。

用一个例子来说明，就像一个人学开车，他不仅要求自己掌握驾驶技术，懂得车的原理及构造，还不能出一丁点儿事故，做到这些他才认为自己真的会开车了。但按照这个标准衡量，“会开车”的人还真不多。

一位男性患者，他无论是在生活中还是在工作中，都要求自己把事情“搞明白”。上学的时候，就算他查了词典，都不认为自己真的搞明白了生词的意思；炒股更是头疼，因为他必须要把 K 线等技术指标搞明白，结果为了把一切搞明白，他整日头昏脑胀。因为这种极端的完美主义标准，他不允许自己犯哪怕一丁点儿错误，也不允许自己在工作中有不懂的东西，当然他更难接受别人比他强。所以，他很容易受到强迫的困扰，因为要反复检查、反复思考、反复确定自己做得对不对。其实他询问和求证的东西并不是他真的不知道的，而是他一直在追求绝对不犯错误，万分之一错误及失败的可能性都会令他恐惧。如果一个人**连“可能性”都无法面对，就**

意味着他自负到极致。所以强迫性的行为仅仅是他逃避现实、维系幻想的一种手段。但现实终归是现实，不能面对现实就会落入自掘的“坟墓”中。

虽然完美主义已经给患者的生活和身体造成了严重的负担，但患者依然会找各种理由对自己的“暴行”进行辩护。

一位男性患者的工作内容是给领导写材料。因为努力和认真，他成了单位里公认的“笔杆子”。但他过得并不轻松，总是为了写出有“质量”的材料而精疲力竭。为了写出高质量的材料，他总要反复考虑、反复查询，拿出的材料基本要让领导看了之后满意，并且要比其他同事写得好。我问他：“既然如此，为何不能降低对自己的要求？”他说：“不是我的原因，是环境的原因，领导的要求高，我也没有办法。”我反问：“难道你们单位里的人都因为写材料和你一样焦虑？”他说：“那倒不是，不过我是‘笔杆子’，所以别人对我的期望高。”我说：“那就不做‘笔杆子’了，这样别人就不会对你有那么高的期待了，你也能活得放松了。”他沉默了一会儿，回答道：“这样，我就不能给领导一个好印象了。”其实，不是别人对他期望高，也不完全是工作环境压力大，而是他一直在领导和同事眼中维系完美的形象，是他不能面对形象受损，不愿放弃“贪婪”，所以才一直不能放下对自己的“要求”，就算因此把自己折磨到不堪重负也依然乐此不疲。

“认真”本来是一件好事，但很多患者却发出这样的感慨：越认真越痛苦，越认真越无法达到自己所期待的目标。其实，此时的“认真”已经不是真正的认真，已经成为一种“应该”之要求，一种压力与负担。

一位女性患者，她的工作是创作漫画，一个人随便画的时候还好，为了面试或投稿而画的时候，她总无法按时完成任务。为了达到她自认为可以达到的理想境界，她会怀疑自己是否掌握某一项技巧，担心自己做得不对，不能满足对方的需求。为了追求完美作品，她连自己原有的水平都发挥不出来。她是这样评价自己的："越想高效地工作，就越无法完成工作。"她错过了一个又一个面试的机会，后来连找工作的勇气都没有了，只能"宅"在家里。

另一位男性患者，只要一对某事"认真"，这件事就一定会出问题。比如他下棋的时候，一旦"认真"起来，就连平时的水平都发挥不出来，后来他意识到自己已经"认真"到不允许自己走错一步棋。最后他不得不对我说："这种要求想必世界冠军都很难达到。"面临考试时，因为"认真"，他竟然害怕自己忘记已经掌握的知识，害怕自己到时什么都不记得。他和异性在一起时更是"认真"，不允许自己表现出一点瑕疵，他要在异性面前表演得完美无缺，而如此的"认真"，让他都不敢和异性接触了。其实，他如此"认真"，是因为无法接受自己也会失败，也会在某些方面不如别人的现实。此时的"认真"，依然是一种维系自负的手段。

神经症患者在工作和学习中容易出现的一个问题是：对影响其效率的东西特别敏感。如果他在小学时成为同学中的佼佼者，一直保持优越感，他对效率的关注可能还没有达到偏执的程度。但当他升入重点初中或高中，被埋没在人群中的时候，他就会拼命努力去找回失落的"光环"。当这种努力并没有换来他所期望的结果时，他就会对影响他注意力及效率的东西非常敏感，比如失眠、余光、同学的干扰、分心、头疼及各种躯体上的不适。之后，他就会把重点放在对付这些"症状"上，期待症状解决，再次找回高人一等的优越感。工作后，他这种对"状态"的关注依然没有改变，依然会花大量精力找回当年的"良好状态"，并依然对影响自己状态和发挥的东西耿耿于怀。其实，他如此在意状态，还有一个隐秘的动机，即他依然可以用"状态不好"来为自己的失败和挫折开脱，依然可以不必面对现实与现实中的自己——**正是因为状态不好，所以他才发挥不出自己的"功力"**。

对细枝末节过分关注，必定会影响工作本身。无论是为了满足自负还是为了逃避自卑，这样做的结果都只是暂时缓解内心的挣扎，而无益于根本问题的解决。所以，我们要学会面对失败及不完美之处，毕竟这就是生活；我们也要放弃病态的“认真”，毕竟这仅仅是维系自负的手段。

只能成功，不能失败

如果一个人的自信建立在成功及超越他人的基础之上，这种自信就会非常脆弱。他只有在做得好、表现出色时才能对自己满意，而当事情进行得不顺利或遭受挫折时，他就会对自己失望，甚至会恐惧不安。这种“只能成功，不能失败”的信念，会让他无法面对失败及不如人之处，这又会让他陷入绝望的深渊。记得一位患者曾说过这样的话：“我一直是常胜将军，所以无法接受失败！”

可悲的是，一个人无法接受失败时会承受巨大的压力，若压力过大，他就更加无法发挥出自己应有的水平，最后陷入“无法承受失败—压力变大—发挥失常—更加紧张—压力变得更大—最终导致失败”的恶性循环当中。而这一切的原因正是在于他无法接受失败，无法接受自己“常胜将军”神话的破灭。

成功和失败，其实也是一个人自己定义的。定义不同，结果就不同。神经症患者眼中的“失败”和“成功”其实和常人不同，理想化自我的存在让人变得“贪婪”。对他而言，自己有缺点，有做不到的事情，或某些方面比别人差，就是一种失败。一个人如果只有做到完美才能接受自己，只有比别人强才能肯定自己，他的生活就变成了战场，不仅有自己和自己的战争，也有和他人的战争。这时他无法容忍自己犯错，也无法容忍他人超过自己，同时，他也恐惧达不到自己期待的目标。

缺乏自信的人，往往对成功有着更强烈的渴求，当“追求”受阻时他会更加自卑。有时他也知道自己的追求过于“远大”，但就是不愿放弃，因为害怕再也找不回自信。当我们用成功来找回自信，用他人的肯定来找回自我价值时，我们很少会问自己，我的自信是怎么丢的呢？是缺少成功，还是过于“贪婪”？在生活中，我们会看到一些有着严重躯体缺陷的人在积极地生活，而一些肢体健全的人却找不到快乐；一些并不富裕的普通人可以很好地享受人生，而一些经济条件很好的人却找不到幸福……所以，快乐取决于是否满足于已经拥有的东西，而不是拥有的东西是否足够多。自信也同样如此，一些人因为自己不够开朗而自卑，但生活中有很多不够开朗却依然很自信的人；一些人因为自己没有事业、没有挣很多钱而自卑，但生活中有很多平凡的人快乐地过着每一天。当然，这并不是说我们不必有追求，而是说如果一个人的追求变成了他沉重的负担，成了他自卑的理由时，这种追求就是一种病态的追求。

一位男性患者，拼命地追求他人的肯定、尊重和认可。问他为何如此在意他人看法，他说因为缺乏自我肯定，所以急需成功和他人的肯定以拯救自己。他自卑的原因是自己不够开朗、没有事业、朋友不够多、家庭不温暖、事情做得不如别人好、没有得到别人的尊重、没有受到别人的欢迎……总之，他似乎没有对自己满意的时候，眼中只有自己的“不够好”。我问他生活中是否存在达到他标准的人，他说“全部达到的还没有”。“别人没有达到，为何你一定要达到？”我问道。“我达到了就意味着我比别人强！”他回答。

如果一个人的自信建立在比别人强的基础上，想必这个世界也没有几个人是自信的。真正的自信来自对真实自我的接纳，而不是在各个方面都胜过别人，他一直在寻找的“自信”并不是真正的自信。他如此渴望成功，渴望被尊重，渴望比别人强，仅仅是为了维系病态自负而已。正是因为一直被病态自负所驱使，他才变得“贪婪”。当现实中的自己没有满足他的“胃口”时，他便陷入自卑。所以他自卑不在于他不够好，而在于他想要的太多。如果他不停下来反思自己的追求而一味去追求幻想中的成功，他将永远也不会真正成功，也永远无法找到真正的自信，因为他在“原点”就已经错了。

病态自负者恐惧失败，不仅会逃避失败的可能，还会为自己的失败找各种看似合理的借口。

一位男性患者在考研期间出现了严重的焦虑与失眠，他放弃了最初的目标学校，而考了本校的研究生（本校研究生容易考一些）。但他依然认为自己只是状态不好才没有考上理想的学校，而自己是有能力考上的。我问他“状态不好”是不是在为自己的逃避找借口、为自己的失败找理由时，他陷入了惊恐。他说，这种感觉在生活中也会出现。后来我们发现，其实他没有报考理想学校的研究生，就是一种逃避。因为他不敢面对失败，而“状态不好”仅仅是他维系自负的一个借口而已。

并且，病态自负者同样也不愿放弃幻想，他总是期待一切都会好起来（他所谓的“好”不是普通意义上的好，而是满足其病态的追求）。这位男性患者后来提到，一直以来支撑着他的都是心中那一点“可以变好”的信心和希望。他认为随着时间的流逝，一切都会变成自己期待中的样子。当我告诉他，这仅仅是一种幻想，是病态自负在作祟的时候，他感到心中有被挖空的感觉，并产生了强烈的焦虑，对治疗本身也产生了恐惧（毕竟，治疗不是维系其自负，而是帮助他放弃自负）。如果他的“上进心”是人类普遍意义上的上进心就好了，但可悲的是，他所期望的变好是一种全面的、无止境的“好”，甚至买一盆花他都要求自己比其他人买得“专业”。

所以，病态自负者对“掌控感”的需求特别强烈，他需要一切都掌控在自己的手中，而且他也自认为可以控制一切。遇到无法掌控的事情，他会产生强烈的恐惧与焦虑的情绪，也因为要把一切都变成自己想象的样子，所以他经常会感觉累。事情一旦超出他的控制，他就极为惊恐，当他无法控制又无法逃避时，“症状”就会形成。

一位男性患者是电子工程师，他制作电路板，从理论上讲A方案与B方案都可行，但如果A方案在实际中行不通，而B方案可行，都会让他焦虑不安，因为这就破坏了他掌控一切的需要。在生活中，他害怕坐飞机，害怕心脏病突发，也害怕自己不了解女友的一切行踪……他的自负让他无法容忍现实中的事物超出他的控制，所以他才对自己无法掌控的东西如此恐惧与焦虑。

其实成功和幸福一样，你越刻意追求，它反而会离你越远。正如维克多·弗兰克尔在他的畅销书《追寻生命的意义》中表达的：不要盯着成功——你越是盯着它并把它作为靶子，你就越容易脱靶。因为成功就像幸福一样可遇而不可求：它一定是自然而来的，而且，只有作为一个人对一项事业追求的副效用，或者作为对于他人而非自己贡献的副产品，它才能够产生。幸福迟早将会来到，成功也是如此：你必须让它自己发生而不可过于关心。我希望你能够听从良心的指挥，并尽力去完成它。然后你终将会看到，在很长一段时间之后——注意，我强调的是很长一段时间——正是由于你忘记了成功，成功将伴你而来。

工作为了什么

工作的目的是什么？也许很多人都没有真正想过这个问题，就好像很多人并没有真正想过活着是为了什么一样。在生活中我们会观察到，工作对每个人的意义都不同，有人是为了生存，有人是为了获得归属感，有人是为了体现自我价值，有人是为了证明自己高人一等，有人是对工作发自内心的热爱，有人把工作当成打发时间与混日子的工具……

根据马斯洛的需要层次理论，可以将人的需要分为五个层次：生理需要、安全需要、爱与归属的需要、尊重的需要以及自我实现的需要。工作的目的恰好可以被划分到这五种需要之中。当一个人的基本需要被满足之后，就会产生新的需要——更高级的需要。生理的需要、安全的需要，属于人的基本需要，而爱与归属的需要、尊重的需要、自我实现的需要则属于人成长性需要。当然，在现实生活中我们也会发现，有些人为了成长性需要，可以暂时忍受基本需要的缺乏。相反，也有人一味地沉溺于基本需要，而忽视了成长性需要的满足。

马斯洛认为“自我实现就是不断实现潜能、智能和天资，完善人的天性或禀性，个人内部不断地趋向统一、整合或协同动作的过程”。而且他还提到，自我实现有下面几个特征：自我实现的人是完全自由的，支配他们行为的因素来自主体内部的自我选择；自我实现的人在其所非常喜爱的工作中显出其巨大的潜能；自我实现的人是摒弃了自私、狭隘观点的人；自我实现是人的创造性的最终实现。简单来说，自我实现就是沉溺于自己所热爱的事及所爱的人之中，从这种投入和热爱中，一个人找到了自己生命的意义与存在的价值。这种追求来自真实自我，而非神经症的需求。

当然，自我实现是一种理想模型，就好像如果给橡树籽一个机会，它就会长成一棵橡树。但因为种种社会文化及神经症需要的扭曲，现实中的人往往不是朝着自我实现的方向成长，而是过于沉溺于那种看得见、摸得到的基本需要的满足，或陷入神经症的需要。这时工作对他而言已经不再是为了自我实现，而是为了符合社会文化的要求或维系病态自负。当工作与人生的意义被扭曲之后，一个人就容易感到恐惧与孤独，所以他必须把自己躲藏到用物质和肤浅的娱乐堆砌起来的“城堡”当中，以降低内心深处深深的焦虑。

当一个人被神经症的需求所束缚，就会丧失最宝贵的真实、真诚、自由的生命力，也就扭曲了工作与生命的意义。“前往真诚的旅程”是许多存在主义心理治疗师的关注重点。真诚的人的价值与目标很多在于自身，而不真诚的人则把目标建立在别人的价值上，很少关心什么对自己重要。在社会关系中，真诚的人看重亲情，而不真诚的人更关心表面的关系。真诚的人因为意识到了自己，所以比不真诚的人更为灵活开放。真诚的人体验存在的焦虑多与自由、责任、死亡、孤独和意义相关；相反，不真诚的人常有犯罪感，因为没有抓住机遇，因为他的怯懦，没有勇气去改变或做有风险的决定。真诚的人直面产生焦虑的生存危机，而不真诚的人更多体验到精神病理学的症状而且在处理危机时出现适应不良。真诚的人通过直接体验面对问题和危机，能够真正地认识自己并且处理问题和危机。

当一个人迷失真我与自己真正的渴求，他就会很怕死。尼采说过：“你越不曾真正活过，对死亡的恐惧就越强烈，你越不能充分地体验生活，也就越惧怕死亡。”对死亡的恐惧常常与虚度人生的感觉紧密相关。人若没有发掘自己的潜能，没有真正活过，他对死亡的恐惧会越发强烈。所以有时他会受到各种“小病”的困扰，害怕“小病”变成绝症，或看了几篇报道和新闻就开始担心可怕的事情会发生在自己身上。

上文谈到过一个观点：病态自负者恐惧死亡是因为死亡超出了他的控制，死亡让他意识到自己和别人一样会死掉的现实，他不愿面对这种现实，所以更加恐惧死亡。同时，病态自负者也从来没有真正为自己而活。他一直扮演成功的人、圣洁的人、能掌控一切的人、高人一等的人，所以他也没有充分地体验生活，这是他极其恐惧死亡的又一个原因。他整个人都已经被病态自负所驱使，已经丧失了自由，成了自负驱力的奴仆，整个人已经被“魔鬼”控制，而迷失了真我，所以他的生活只不过是被“魔鬼”驱赶而疲于奔命罢了。当一个人真实的自我被压抑、真实的需求被神经症需要所取代，那么他就无法真正实现自己的潜能，无法真正活得精彩，也就无法直面死亡：因为学会如何更好地活着，就是学会如何面对死亡的一个过程。

再次回到本节的主题：工作是为了什么？工作其实是为了自我实现，实现自己生命的潜能、做人的价值、人生的意义。越少受到神经症需要的束缚，人就越能活得真实、自由，投身于工作、创造与爱之中。否则，就只能被孤独和空虚所困，丧失真诚与自我实现的可能。

第五章

与抑郁有关的具体问题

第一节　伪抑郁患者

有些来访者并不是真正的抑郁症患者，只是对抑郁感到恐惧。因为在过去的经历中或在媒体中发现了抑郁的可怕之处，或把抑郁和精神病等同，进而陷入对抑郁或精神病的担忧之中，害怕一旦陷入其中，整个人生就被毁了，变得惶惶不可终日。更有甚者还会不断地诊断、治疗，即使已经得到了“无病”的保证，依然无法安心，要努力与抑郁绝缘，继续寻找新的保证。

一位男性患者在去乡下探亲时，出现了头晕失眠的情况。碰巧乡下有一个精神病人，整日疯疯癫癫，他就打电话给这个人的母亲，问她儿子得的是什么病，那位母亲说是抑郁症。离开乡下回到家，他看到广告中谈到“治疗失眠、抑郁症”，因为他有失眠的问题，就把失眠与抑郁等同起来，开始担心自己是否得了抑郁症。正好他认识一位学医的朋友，因为“病急乱投医”，便问朋友自己得了什么病，朋友随口说了一句：“你就是抑郁症。”从那时开始，他就把自己当成抑郁症患者。恰逢单位里一个女孩的弟弟得了抑郁症，他就问这个同事抑郁症是否很可怕，严重时会变成什么样子。结果这位女同事说："抑郁症严重了就是精神病。"从此，他就陷入自己患有抑郁症和精神病的担忧之中。他一会儿认为自己是抑郁症患者，一会儿认为自己是精神病患者。他对生活和工作再也没有半点儿热情，整个人陷入对患病的焦虑。有时他也会告诉自己"我不是病人"，但没有用，最后，他干脆就把自己当成了病人。虽然，后来经过正规诊断确定，他并不是抑郁症或精神病患者，但他依然整日沉溺于这种担忧之中。

在我们的生活中，经常会有关于抑郁的新闻及治疗的信息。随着网络的普及，我们获得这样的信息也越来越方便。当然这在一定程度上对增进我们的心理健康意识有好处，但也是一些人噩梦的开始。一方面，因为缺乏对抑郁症诊断知识的了解，很容易因为情绪和睡眠的变化而把自己判定为抑郁症患者；另一方面，这些信息也很容易成为击破一些人内心安全感防线的利器。就像上文谈到的患者一样，只是因为失眠，就把自己和抑郁及精神病联系到了一起，进而把自己当成"病人"，陷入"我是病人"与"我不是病人"的挣扎中，陷入自己是否有病的强迫性思维中，只有得到他人的保证才能感到一丝安全感，暂时让自己感觉好过一些。

所以，这类人并不是抑郁患者，而是无法接受自己可能与抑郁搭上边的现实，无法面对自己也会疯掉的可能。这种情况反映的是无法接受现实，无法接受我们本来就生活在一个不安全的世界当中的事实。拼命地寻求无病的保证就是逃避——逃避现实世界。但现实总是无法逃避的。从对抑郁的恐惧中走出来的唯一办法就是接受这样一个现实：每个人都有患抑郁或其他心理问题的可能，但没有必要因为这种可能葬送了自己的生活。所以要投入当下的生活，而不是焦虑或辩论自己是不是抑郁，真正的抑郁无须辩论，一直在辩论则属于强迫及焦虑的范畴。

其实，对抑郁或精神病的恐惧正反映出想控制一切的愿望，也反映出一个人已经“完美”到不允许一点“污秽”的东西和自己沾边。所以，并不是他很容易患病，或已经得病，而是他不能面对自己无法掌控的事情，也不能接受自己也如常人一样会患病或去世的可能性。因此，我们需要反思的是我们的“追求”，而非一味地寻求无病的保证。

第二节　亲人可以做点什么

“我的亲人（或朋友）患有抑郁症，我该做些什么呢？”这是陪同患者治疗的家人和朋友常问的一句话。

一个人会陷入理想化自我的幻想，和他童年的经历及父母的教育方式有很大关系。正是因为现实难于面对，所以他才沉溺于理想化自我以逃避残酷的现实。家人应该怎么做？如果是自己的教育方式出了问题，那么就需要放弃这种错误的教育方式。如果是无意中把孩子当成炫耀或完成自己未完成的心愿的工具，那么请让他成为他自己，去追求他自己想要的生活。如果过去用苛责来体现你对他的爱，那么请放弃这种苛责，无条件地去爱他。如果对他过于溺爱，以他为中心，那么让他去承担他本该承担的，去面对他本该面对的。

当然，过去的一切都无法改变，我们现在所做的仅仅是弥补。不要指望自己改变了，对方就一定改变，这不是条件交换，而是作为亲人的支持。要有耐心，但不纵容。

在治疗中，我发现一些家长因为过去不知道如何爱孩子，在孩子陷入抑郁后拼命地弥补，结果让孩子的依赖性变得更强，更没有勇气去面对生活的挑战。最后，成了一个离开父母就不能活的“寄生虫”。不要从一个极端走向另一个极端。

心理治疗中有这样一句话：“孩子的问题就是父母的问题。”虽然有些极端，但也不无道理。在治疗中我经常会发现一些存在抑郁及其他神经症的患者，其父母的问题更大。父母会在无意识中把自己的病态要求转嫁到孩子身上，让孩子无力承担，最后无法面对现实。

我的一位来访者，他父亲是家中第十个孩子，也算是爷爷奶奶的老来得子。来访者的父亲从小就被自己的父母照顾得无微不至，他也很自然地用这种溺爱的教育方式养育自己的儿子，儿子的任何期望他都会去满足，无论这种要求是多么不合理，就算是儿子要把妈妈赶出家门，爸爸都会服从。甚至儿子读大学时还不能独自洗澡，还要爸爸陪着。和同学发生矛盾，也要爸爸请同学吃饭来缓和气氛。离开了爸爸，这位来访者什么都不能做，连上学都是爸爸哄着才能去。虽然他已经上了大学，但他好像五岁的孩子。他放弃了生活，因为他没有勇气去面对未知的挑战，没有力量承担起本该自己承担的生活的责任，他只能依附父亲以满足自己的需要，脱离了病态依赖的对象，他就无法生活。

临床实践中发现：**“做人”的遗传，比生理的遗传更可怕**。一位母亲非常自恋，看上眼的异性很少，到了四十岁才勉强结婚，婚后就与丈夫两地分居，因为她无法和“凡人”生活在一起。可想而知，她对孩子会如何。孩子犯了一点错误，就会被她严厉指责；若孩子没有按照她的要求做，她有办法让孩子内疚；只要孩子没有达到她所期望的“优秀”，她就会拼命地贬低孩子。试想，在这种环境中长大的孩子，如何能够培养起对自己的信心？可悲的是，就算在治疗室，这位母亲依然在为自己的种种行为辩护。当然这个例子有些极端，但这样的父母在生活中难道没有吗？具有病态人格的父母会更加肆无忌惮地把自己的病态要求施加在孩子身上，还振振有词地说："因为爱，所以我才这么做。"

并不是说对孩子严格要求不好，其实严格或宽容仅仅是一种形式上的区别，孩子会敏锐地感受到这种"形式"下隐含的"内容"——是出于爱的宽容，还是一种冷漠的忽视；是出于爱的严厉，还是为了满足父母个人的病态需要；是出于爱的期望，还是把自己当成一种炫耀的工具……

我还记得一位患者说起小时候的一段经历，希望自己的经历不要重演。他说："从小我父母关系就不好，经常打架。因为我认为男人不应该欺负女人，所以从小我就不喜欢父亲，和母亲站在一边。但母亲从来就不给我好脸色看，总是无缘无故或因为很小的事情打骂我，比如我回家晚了十分钟她就要骂我两小时。我很羡慕别人的妈妈对孩子好，但我去别人家看到同学和他妈妈在一起的时候，我又感觉他的妈妈对他有些'不正常'。我看见他可以和妈妈轻松地聊天，这些事情在我看来是无法理解的，因为在我的家里，父母从来就不和我轻松自在地聊天，所以我一直以为这就是孩子和父母相处的正常模式。"

在治疗中我经常会有一种无奈，有时我清楚地意识到孩子的问题正是父母问题的一种反映，但父母却一味纵容或苛责孩子，而不懂得反思自己。就算治疗在一定程度上会缓解患者的症状，但我不知道患者回到父母身边，回到让他患病的家庭氛围中又会如何。

当然，孩子出现问题后，一些家长也会很快地意识到自己的问题，并停止了对孩子的苛责与否定，积极寻求解决的办法，而不是一错再错。这时，父母能做的就是支持孩子接受治疗，帮他从内心的挣扎中走出来，当他陷入绝望时给他鼓励，当他动摇时做他最后的依靠，当他否定自己时做最后一个接纳他的人，当他看不到自己的进步时从他点滴的进步中发现希望……

我陷入抑郁时给我最大帮助的就是亲人，无论我对自己多么不满意，无论我认为自己多么失败，亲人都没有把我当成一个失败者。外婆经常因为我小小的努力和成绩鼓励我，我可以感受到她不是为了肯定我而肯定我，而是由衷地为我的努力而骄傲。这种真挚的鼓励是很难用语言表达出来的，每当想到她慈爱的目光，我都会更有力量面对前进道路上的困难。而无论我的状态有多么糟糕，母亲始终对我不离不弃，即使在我以为自己抛弃了全世界、全世界也抛弃我的时候，她都会是爱着我的人。这些不是治疗，但从某种意义上来说却是最好的治疗。从她们身上，我明白了，无论如何，我也要成为最后还爱自己的人。因为爱没有条件，并且为了爱，也值得奋力走出抑郁，也值得在苦难中继续前行。

第三节　关于心理治疗

心理治疗能帮助患者发现抑郁背后的原因，找到导致抑郁的症结所在，并促成患者的自我了解及人格完善。

一些人来做心理治疗，往往希望心理咨询师能快速给出建议，认为这样自己就能神奇地从抑郁中走出来。当然，我也非常希望能够如此神奇地帮助患者，但抑郁的治疗并非提提建议这么简单。心理治疗涉及了解、分析、领悟、改变等几个环节，每个环节都需要来访者与咨询师合作来解决问题，而非咨询师一人包办。所以，治疗成功与否要取决于患者的求治动机是否强烈、与咨询师的合作是否顺利、患者是否有勇气面对现实等相关因素。咨询师就像一个教练，能否让“运动员”取得优异的成绩，不仅取决于教练，还要看“运动员”是否有坚韧的毅力、取胜的决心、面对未知的勇气等。

治疗的“目的”对治疗成功与否也有着重要的影响。有时，患者来治疗是为了维系理想化自我，让咨询师帮忙插上“翅膀”。抱着这种目的来做治疗的人当然不会如愿。治疗是回归真我，而不是达到理想化自我。有些人无法坚持足够久，对治疗抱着一种怀疑与浅尝辄止的心态，也不会在治疗中有太多的收获。

一些患者对心理治疗很抗拒。因为求治意味着承认自己“脆弱”，求治本身会伤害人的自负。有些人宁愿独自面对痛苦也决不愿求治，只有当“病入膏肓”的时候才会放下“面子”。又因为治疗无法维系其理想化自我与病态的追求，所以开始治疗时患者也会出现强烈的抗拒。此外，治疗师和治疗本身也非完美无缺，一些患者也会对治疗百般挑剔，其实不见得是治疗没用，只是他的要求过高而已——他需要的是“完美的治疗”。

心理治疗并不神秘，咨询师也并不具有超能力，他仅仅能帮你意识到你未知的自我，意识到问题所在，而不是一直“蒙在鼓里”。所以他仅仅是一个旅途的伙伴，当你痛苦时，会在你身边；当你怯懦时，会鼓励你前行；当你迷惑时，会指出问题所在；当你自欺时，会帮你看清事实；当你迷失时，会和你共同寻找方向……

自我治疗也属于心理治疗的一种，或者说心理治疗并非只在咨询师的指导下进行。如果有专业及敬业的治疗师为你治疗，你当然会取得更好的效果，但不必神化治疗师。毕竟治疗性的语言及方法还要作用于你这个人身上才起效，这也是本书的写作目的。患者可以以本书作为起点，来了解自我，改变自我，尝试自我疗愈。当然，本书也可以成为心理治疗的辅助读物，帮助你更好地从治疗中取得进步。

附录一

抑郁随笔：我确实不接纳自己

上周的某一个时刻，我突然觉得不是别人，就是我自己不接纳自己。我嫌弃那个弱小没有能力的我，我认为自己应该是完美的。每个时刻，我做的每件事都得是完美的。我还觉得我应该什么都懂，碰到我不懂的话题，我就会自我攻击，指责我自己。我给自己立了个完美的好人的人设，我不能不完美，我必须好，我还要什么都懂。

这两天我想了很多，我对孩子确实不是真正地接纳，只是我觉得我应该接纳他，我压制住了我的脾气，其实我的内心在冲突，我看到他有那么多需求，那么多想法，可如果他把家里弄得很乱，或他有哪点做得不太好，我的内心就会很暴躁，很冲突。我其实是不接纳他的，因为我连自己都不接纳。我对别人的接纳，只是为了维持良好的人设而已。

小时候我不允许自己不是好学生，查字典的时候，自己并不知道怎么用，虽然是同桌教给我的，但我也不敢承认自己不会。家里给我定的目标就是考上好大学，找到好工作，不允许我和爱打扮、爱玩的女孩子一起玩，怕我被她们带坏。高一的时候我偷偷打了耳洞，被当成十恶不赦的大事，被认为学坏了。看到同学送我的玩具，父母会说我变了，开始在意这些东西了。其实，我只是想证明我也有很多朋友，想让父母高兴。

在家里我只能一本正经，不苟言笑。在外面，有什么事情让别人去说、去干，自己想说什么也不要说，不当出头鸟，让别人先起这个头。所以我从来不敢在人多的时候说真话，或是讲比较激烈的话。我内心不允许我这样做，因为我没有内心力量的支持。如果再有领导和长辈生气，那我就更不敢说了。

我小时候的成长环境，让我不可以表达真实的想法，但是长大后，接触到的人有很多不是这样的，自己就开始很难受了，因为我还是有表达真我的需求的。

在父母眼里，只有学习书本知识才是有用的，做其他事都是浪费时间、不务正业。以至于我很厌恶以前的自己，我怎么会那个样子。如果父母和谁生气了，我都不敢和那个人说话，我怕再惹父母生气。

在我的内心有一股力量：要给父母争气，要光耀门楣。

小时候，父母为了让我们不乱花钱，平时基本上不给我买什么衣服，我也不敢要求买衣服，因为我觉得我不配要新衣服。最后我哥开口了，我才有了一条新裙子。我不配有正常的基本的生活需求，不该有“思想”这种东西。在父母眼里，买打扮自己的东西就是“作”，不好的孩子才会那样，而我是好孩子，不可以那样。看到电视里打扮得花里胡哨的人，我不理解她们为什么这样，现在看到很前卫的装扮我也无法接受。

我以前都不知道要不要帮助陌生人，因为妈妈没告诉过我，感觉她也不是很愿意我去帮助别人。如果我的孩子主动去帮助了别人，我肯定是会高兴和鼓励的，因为他有这样的善意很好。可是我小时候，只知道不要惹任何事情，安静地待着，不要惹出任何乱子，最好也别说话。所以，我什么也不敢干。

可能我要做站在道德制高点的人？自己品德高尚就可以蔑视其他人，所以我不可以浪费水，不然地球没水了怎么办？不喜欢吃的东西，吃不完也内疚，觉得自己怎么可以这样。做什么事，都要别人先做了我才敢做，有别人一起承担责任了，内心才不会那么害怕。

如果我说了什么不好的话，总怕惹别人不高兴，别人不高兴了，自己就不知所措，陷入内疚自责的深渊。深渊，无法救赎的深渊。

我不敢跟长辈顶嘴，觉得那样就是不敬；我不敢跟长辈吵架，觉得那样就是十恶不赦；和其他人吵过架之后，总会深深地自责。

明明是自己很讨厌的人，还要耐心地和对方说话；怀孕时长妊娠纹，我一开始就接受不了，我怎么会长这个呢；剖宫产，有刀口，也接受不了，我怎么能有刀口呢；要母乳喂养，可是母乳不够怎么办呢，喂奶粉，接受不了，我怎么可以喂奶粉。

当年的我确实是应付差事，没有真正沉下心来学过什么，又怕别人觉得自己什么也不懂，不能接受什么也不懂的自己。

我从小不需要操心家里的事，父母顶着外面的事，家里有我哥，有什么事情都由我哥安排，所以我什么也不会。我不会点菜，也不会说话。我要表现得对外人礼貌，这样对父母来说有面子，不能让他们蒙羞。

我为什么一定要好呢？为什么一定要是好的人，不能是坏的人？

我怀孕快要生产的时候，跟我妈说，如果顺产困难，可能就要剖宫产，她第一反应就是“不行，怎么可以剖宫产，肯定要顺产”。听到这话我感觉很难受，我感觉自己又错了。后来真的要剖宫产了，我第一反应是“那我家长一定要签字同意，不然我不敢剖宫产，不然我就是错的。”

不知道为什么，从小到大，我听到的都是“不行”“不可以”“不能”，以至于我觉得我做的任何事情、我的任何想法都是错的。我不懂他们为什么要这么对我，只觉得“生而为人，我很抱歉”。我连呼吸好像都是错的，从小我就告诉自己要懂事，不给家人添麻烦。

我后来才能理解，我好像在追求完美、极致的万无一失，如果不这样，我就不敢说话，不敢做事。对我来说，犯错是一件无法容忍和接纳的事情，我好像在维持圣人的形象，不能放弃，放弃就全是我的错，全是我的错。

是的。我不想面对真实的人生和现实的情况。

小时候在家里，氛围是严肃的，不可以笑，不可以快乐，不可以制造出动静，要一本正经的。我生完孩子，我父母在，我老公回来都是笑着的，我就会说他，你为什么要笑。

我的做事准则就是，我这样做了，父母会不会不高兴？即使是他们不在我身边的时候，我内心也会有个声音替他们说话："噢，这不可以，你父母是看不惯的、不接受的，这样怎么可以。"

我给我自己的设限太多太多了。多到我不知道该怎么办，"应该这样"和"应该那样"的冲突，冲突得厉害。怕自己这样做会影响别人，我不敢影响别人。

小时候老师经常讲要自我批评，我都卑微到什么地步了，我还要自我批评！

我不能闲下来，不然就觉得自己在浪费时间、浪费生命。我必须做有用的事情，可是什么是有用的事情呢？

我也不知道怎么才能放过自己、接纳自己。自己确实只是个受伤的孩子。从小一直受伤，受伤到现在，什么话都听不了。

我不敢快乐，因为心情刚刚放松一点点，就觉得可能马上会被打破，我马上就会心情不好，而且是没有规律、胆战心惊的那种。这种感觉很恐怖，所以我宁愿一直"心情一般"，这样就不会突然心情不好了。因为我父亲会阴晴不定，上一秒可能还好好的，下一秒就变脸了，不知道为什么。

我也不知道该怎么投入去做一件事情，因为我没有我，我不知道我想做什么，什么该做，什么不该做。遇到什么事情，总是会想别人会怎么处理，而不是我想怎么处理，或者该怎么处理。

我爸妈凶别人，我也会紧张，我会想，别人也没做错什么就要承担这么大的怒火，那我应该收敛，不能做出惹他们不高兴的事情。他们绝大多数时候是很严肃、心情不好的，没有感觉到他们对我们有轻松的时候，所以我才压抑，不管什么想法都压抑，什么都不敢去打破、不敢去做。

他们一直强调他们很爱我，可是我没有感觉到他们是爱我的，他们给的永远是束缚。缺少爱，我也不会爱、不懂得爱、不会感受爱，我也不知道怎么去爱孩子，我也会有禁锢孩子的时刻，我也会在发脾气后告诉他是因为我爱他。

父母根本就不接受我们做“违背常理”的事。我小时候不能交朋友，因为父母认为我都没成年，都没有“定性”，交的朋友也没有用处，过几年也就散了，可是我每个阶段也是需要玩伴陪伴成长的，我现在不学着交朋友，以后怎么会？

他们说爱我们，什么都是为我们好，怕我们受伤害，实际上我们受到的最大伤害就是他们的束缚和不接纳。

他们也总是说“长大了想干什么都行”，我都已经被压抑成一个什么都不敢干、不敢说、不敢做的人，还怎么能想干什么就干什么？我不会呀。我没有想与不想，只有对与不对，我不能表达真实的自我，内心没有任何安全感，全是恐惧，我害怕这个世界，害怕自己做的事情是不对的、不应该的，害怕别人的眼光。

是的，我内心很空洞，你就是现在给我钱，也填补不了我内心的空洞。我不做“有用”的事情就备感焦虑、内心空虚，可是什么是有用的事情？

我很弱小，很无助，很怕给别人添麻烦，害怕别人觉得我这样是不好的，会破坏我在别人眼中的形象。我不敢活出自己，我连自己本来的样子是什么都不知道。我心中都是满满的害怕，可是我在怕什么，我到底在怕什么？

我害怕自己哪里都做得不对，怕别人觉得我不好。

父母说爱我，其实一点都不爱，我们不能有违背他们心中的道德规范的行为，如果有的话就得改过来。我真实的样子，他们是不能接受的，完全不能接受。

停下自我逼迫，有时会感觉好一些，可是还是会回到逼迫的状态，因为我觉得这样才安全。

我不能接受别人说我不好，因为我得扮演“好”。

“好”太难了，什么都要做到“好”，但是“好”的标准又是什么？如果别人觉得我不好，我会很难受，就像心被一根针一直戳，一直戳。

父母只是在生活上给了我所需要的物质条件，其实这个需要也很紧缩，而在心理上，他们从小到大给我的满是伤害。

我内心很空虚，我没有力量，我没有干劲，我什么都不想干。有时候太开心了，我也有点儿害怕，首先是害怕这个“开心”会突然消失，其次是担心别人会怎么看我。

怎么办？我还是好痛苦，感觉没有人是自己的依靠，严重缺乏安全感，感觉自己做什么都是错的，这样也不对，那样也不对。就是自己不好，自己不配，不值得。

其实我也特别渴望能有人无条件地接纳我，不管干什么都站在我这一边。

因为我内心没有支柱，我内心的安全感是坍塌的。

小时候在他们的挤压下活着，长大了继续在他们的余威下讨生活，现在，我身体里的暴君比他们更苛刻，稍有不对，就开始对自己进行心理责罚。

真正的自己太弱小了，弱小到不能面对生活。真实的我缩在角落里，不敢出来，一直在压抑自己。

有一股很强的力量拉扯着我，非常强，让我真的不能做任何违背它的事情，真的好难受，怎么办？

对自己要求太高，并不是说我一定要取得什么成绩，而是自己不能够“不好”。“不好”的定义太多了，多到自己都数不过来。

我的价值观应该是扭曲的，之前是被我的父母洗脑，完全没有自己，没有任何想法，遇到任何事情，想的都是“这样做了父母会不会说我，会不会不同意”。

因为在我们家里是一言堂，我说什么都不对，都不可以。不管对与不对，父亲说的就是对的，他让你什么时候吃饭，那就得什么时候吃饭，不能磨蹭，必须放下手里的一切事情过来。

生活在这样环境下的孩子，怎么会有独立的人格，怎么会有健康的心理呢？

我在陌生人面前紧张焦虑，是因为我想在陌生人面前表现得好，不允许自己表现得不好，我要给陌生人留下好的印象，这样别人才会喜欢我，我要表现得有能力，不然觉得就会被别人质疑“怎么什么能力都没有”。我太想让自己“好”了，有知识、有文化、有品位、会打扮。我可能太急于变好，所以就想看有用的书，做有用的事情，而不是随心去做事情。我希望我在每一个方面、每一个细节都做得好，而且是极致的好。

我特别害怕有长辈找我，怕他们给我发消息或者打电话，因为不发消息、不打电话，就意味着无事，无事就是好事。而一旦给我打电话或者发消息，肯定就有事，要么就是我哪里做得不好了、哪里做得不对了，要么就是出现了麻烦，需要我去解决，如果解决不好，我又会因为自己没做好而有压力。对，我要在每个方面都做到极致的好。

父母他们想知道什么，问我的时候，我必须回答出他们想听的话、想确定的事情。如果我不确定，那就是我不行。如果我说得不对，他们就不高兴，非常严肃。与他们接触，我的全部关注点都在他们和我自己说的每一句话和每个表情上，完全不会去想自己在做什么。我提自己的需求就是不对的，我提了需求就是我不对，我也不可以有什么想法，反正我就是错的。

其实现在我发现自己内心是极度缺爱的，我也渴望被爱，被无条件地爱，无条件地接纳，极度渴望。我之前的冷漠，应该是把自己的心完全封闭起来，拒绝外界的任何靠近，也不愿意对外界去展示真实的感受。因为我害怕，害怕受到伤害，害怕别人了解真实的丑陋的自己。没有人去教会我用情感生活，我的世界只有理智和应该。

我觉得没有期待就没有失望，所以从来不期待什么，或者说一直在压抑自己的渴望。

我没有情绪，应该是压抑了自己所有的情绪，我面无表情地应对一切。

“生而为人，我很抱歉”这句话，在刚刚开始咨询的时候，我内心没有什么感触，但是现在我心里能感受它、理解它了。

小时候听得很多的一句话就是：不要被人看到，会被人笑话。

我就是一个为了讨好别人而失去自己的人，我自己不重要，别人才重要，别人的需求，我就是牺牲自己也要去满足。

“自我憎恨是内心冲突与挣扎的起源”，说得太好了，确实是这样。我就是无法接受和原谅自己，所以才拼命地和自己对抗，才会无意识地伪装，并幻想自己变成别人。

我心里真的住了个暴君魔鬼，我很嫌弃自己，自己做什么都嫌弃。我说了什么话，做了什么事，心里那个暴君都会批判或责问“这样做是不是不好？不对？是不是影响别人了？别人是不是不高兴了？”我很看不上自己，觉得自己哪里都不好，哪里都不对，我把他们的不接纳内化了，我开始自己对自己施暴，我不能放过我自己。

我抑郁真的是有原因的，没有前面那几十年的压抑，我确实不会这样。一颗空洞的心，把自己最基本的需求情感都压抑了。不是别人对我不满意，是我对自己不满意，我的内心有个声音，一直在评判、批判或者审视自己。我无论做什么，基本上都会听到那个声音在批判我。

我不能享受生活，因为父母看不上这样的人，我也遵守得很严格。以前的自己完全没有自我，而且认为他们的观点是对的，别人不符合他们认知的行为都是有问题的。之前的我完全是没有自我没有觉醒的，我跟别人聊天的时候，都是拿他们的标准、他们的想法去反驳别人，我自己认不认同这些想法，我也不知道，所以和别人聊天的时候会经常不舒服，因为别人有完全另外的、我不曾知道的观点，有时候我也会想，我怎么有这么陈旧的想法，但这是我自己的想法吗？我不知道，所以内心很焦虑、很冲突。因为我没有自己的感受和看法。

说要爱自己，对自己好一点，我都意识不到我对自己那么不好，那么苛责，那么批判，我怎么会意识到我要爱自己，我接受不了自己的不好，我必须全都好，绝对的好。上次咨询的时候，我其实还不能完全感受到。

我其实对自己特别不好，之前看王老师的书上说“追求完美”，我没有感觉到自己正是如此，我还以为对自己没有什么要求，这跟我有什么关系。现在我才发现，我对自己的要求非常多，内化了父母两个人对外界和对我们的要求、看法、不喜欢、看不惯的地方，要求自己全部要做好。内心枷锁压得我喘不过气来。

如果我想让自己放松，一直放松的话，我心里就有一种惴惴不安的感觉：“放松和快乐是不是一会儿就走了？是不是我不该这么放松？我是不是太放松了？”

我很痛苦，感觉没有力量去支持自己，我遇到了不开心的事，遇到了自己觉得别人做得不好的地方，遇到了不公平的待遇，听到了自己的心被刺到的话，等等，我不知道该怎么来抚慰我的心。

我攻击自己，但是不敢攻击别人，因为我不允许自己攻击别人，我会因为一点不足把自己否定掉，我也认为别人会因为一点不足而看不起我，我害怕成为我自己。

我一直封闭自己的内心，不去了解别人，也不敢让别人了解自己，不敢把自己丑陋的、不好的一面显露给别人看。所以我一直拒绝不喜欢的人踏入我的家门，因为我怕我的不耐烦、不喜欢会特别明显地暴露出来，然后自己又会指责自己。

咨询师说痛苦不是坏事。是的，如果不是这些痛苦造成了我的抑郁，我也不会停下来去思考自己的人生、内心、人性，可是真的太痛苦了，枷锁围栏把我囚禁起来，我内心真的非常不自由。

父母扭曲的思想已经非常严重地影响了我，我觉得我做了或者想了什么而让他们知道之后，他们首先会评价教育我，此时，我会手足无措，丧失信念，会感到自己整个人生、整个人被否定了——我就是不好的，完全没有价值。

从小，我就要在父母手下讨生活，人都是本能地趋利避害的，即使自己没有那种意识，潜意识就开始启动了：怎么让自己在目前的环境里比较安全地生存下去。虽然我不知道生存是为了什么，意义在哪里，感觉人出生了，就要活着，就该活着，放弃生命是不对的。虽然是理智上也知道，人生应该是有很多很多种活法的，但是我内心不允许自己有别的选择，就只能按照父母那种内化的标准要求而活，其它都不可以，完全不行，一旦违背，我的内心就会非常严厉地指责自己。只要违背了，不管多小的事情，都让我觉得自己像十恶不赦一样。我的缺点，我的不完美、不优秀、没能力、丢人的一面，我通通不能接受。

当然通过咨询，我才对自己、对这一切有了更多的认识，以前没有心，像行尸走肉一样活着，完全没有情感，甚至连感动的时候也是觉得应该感动，而不是自己真的受到了感动。

我觉得我从最近才开始用我自己的眼睛看这个世界，开始能用心来感受外界。我确实不知道，如果没有寻求心理咨询，我会是什么样子，可能真的有一天就选择轻生了，我从小就不知道长大了我该怎样才能活着，因为太害怕、太痛苦了。

我感觉最近好像才开始有了心。昨天看一档音乐类综艺节目，看到第一集的介绍，我真的泪崩，都是回忆，他们作为音乐人的那种对音乐的热爱，他们不羁的性格，还有他们暂时不需要承担太多家庭责任和社会责任，只需要关注自己的喜好，很多人对音乐是真的爱，他们眼里有光。我看着他们的样子，忍不住泪流满面，因为我从小就没有那种自己的热爱和坚持。

我觉得这两年才是我生命的开始，我感觉我好像才刚刚开始认真地认识自己，不管她是好的还是不好的。现在和朋友聊天，他们都觉得我是个很可爱人，可能他们觉得我呈现了很真实的状态。反过来我也才觉得，噢，原来我自己也是有魅力的，也是可以吸引别人和我交朋友的，不是因为我好看、有钱，或者其他客观条件，只是觉得我这个人是可以做朋友的。

我成长和觉悟得比较晚吧，但总归是在成长了，懂得享受生活了，我觉得这才算是没有白来这世间一场吧。

附录二

抑郁日记

2021.09.27

我是否在用一个虚伪的、理想化的外表来伪装自己？是不是为了让别人觉得我高尚而故意做给别人看，或者因为担心别人会说我不高尚、没有道德而害怕说真实的话。

在之前的心理治疗中，我曾谈到歧视他人。我记不清是在高中还是大学的时候，和人通过 QQ 聊天时，一般会问对方来自何处、从事何种职业。如果得知对方毕业于非正规学校或没有体面的工作，我就不再和他们聊天了，现在回想起来，我意识到其实这是在看不起别人。在内心深处，我觉得对方和我不平等，和他们没有什么可聊的，或者从他们身上得不到什么。当时我内心也感到不舒服，现在想来，可能是因为看不起别人而不愿意与他们交流，又意识到自己这样做不好。

此外，以前我在吃饭或走路时从不看手机。因为父母告诉过我，他们说吃饭时玩手机是不礼貌的，还会影响食欲。看到别人这样做时，我会想：为什么不能等到饭后再玩手机呢？我肯定不会这样做，我比他们都好，我绝对不会让手机影响我吃饭和生活。

2021.09.29

心里会不时地出现一种无法描述的不安感。今天就有一种莫名其妙的不安感，不知道该做什么，想做什么，这种感觉非常可怕。可能是害怕有人突然找自己，有事情要我做。或者是我不敢展示真实的一面，不敢有任何让别人看到我真实想法的行为。另外，我也害怕别人说了什么话，而我会过分在意别人的言论，希望能安安静静地独自待着，不要有人来打扰我，不要有任何联系发生。

我没有心理支持，也看不到未来生活的希望。我需要一直寻找一个支撑和寄托，但当我找不到支撑时，我的心理状态会变得非常糟糕和低落。例如，我在看电视剧时，可以沉浸其中，好像有事情可以做，但当电视剧即将结束时，我感觉心理的支持消失了，内心变得慌乱不安。我感觉周围没有人会无条件地接纳我、支持我，没有这样的人存在。

也许我从来没有接纳过自己，也不敢接纳自己。我觉得自己的一举一动都可能是错的，因此感到害怕。我的内心告诉我许多行为是不可以的，比如不能发脾气、不能暴躁。因此，我想把自己封闭起来，待在一个壳里或角落里，不与外界交流。尽管这样做我也感到非常难受，还会带来一种内疚感。

2021.09.30

有一种感觉，似乎有一样东西在我内心深处束缚着我。有时候这种感觉会突然出现，但我不知道自己到底发生了什么。现在我想，可能是因为我在内心深处压抑了很多东西，都不是什么大事，却是一件件小事的累积。当我看到别人在学习、在工作，而我却偷懒看手机时，我会感到内疚，一种深深的内疚。

有时候这种内疚的情绪我不愿意承认，因为承认了就感觉自己很软弱。很多真实的想法在我心中，但我不敢说出口，因为我认为不说出来就好像它们不存在一样。然而，这些想法越是被压抑在心底，就像滚雪球一样越来越大。我承受的压力、自责和负罪感也越来越大，因为一旦把它们说出口，我就觉得自己错了。只要做得不好或说得不好，我就觉得自己是错的。

高三时，意识到自己成绩落后很多，我抓紧一切时间学习，压力非常大。那个冬天，我妈妈工作太累，她因为心脏病住院了。在医院，其他人都在照顾我妈妈，为她倒茶递水，而我却冷漠地站在一旁，不知道该说什么、该做什么。我记得我爸爸说我还不如一个外人，只知道站在那里，连对我妈妈的问候都没有。可是他们又没有教过我啊，不是要我好好学习光耀门楣吗？不是只需要关注有用的东西吗？高三了不是要我学习吗？不要在其他地方浪费我的时间。

在大学时，当我准备洗脸或者要做其他事情时，有人给我打电话，我会感到非常愤怒，因为这打乱了我后面的计划，占用了我的时间。我对人们的感觉也非常冷淡，因此一直觉得自己很冷漠。无论发生什么事情，我都漠不关心。当我看到新闻、电影或其他现实中发生的事情时，我也毫不动情。以前我曾向关系较好的同学询问，他们回答我说，能感觉到我非常冷漠。

2021.10.08

在回老家的前一天，我开始感觉不对劲了。当时我记录了很多东西，还哭了很久，状态非常糟糕。然后我告诉我丈夫，我不想回去，因为害怕，但又不得不去。

2021.10.12

和别人发生争执，和别人聊天不愉快，别人不喜欢自己，会让人感到不舒服。本来这种事情会让人不开心，但一般来说，其他人可能会很快恢复过来，或者根本没有那么在意，只是当时会有点不舒服的感觉，然后就过去了。但我不一样，除了这种事情带来的不舒服之外，我还会与自己较劲。有时候，即使对方是对的，我也不愿意承认，这是因为我从小就特别固执的地方，我一直在心里和自己斗争。

其实，我也知道对方可能是对的，一方面不想承认，另一方面又觉得自己这样做好像不对。这样的事情经常发生，因为觉得如果太快承认对方是对的，就显得自己软弱可欺，什么都是别人说了算。然而，内心又不愿意这样，所以经常与自己较劲。

我真的不知道当时是怎么坚持下来的，还考了研究生。回想起那段时间，我真的不想再经历一遍，因为太难受了，陷入了深渊般的抑郁之中。

药物已经无法缓解我内心的困扰，所以我需要接受心理治疗来成长。以前从来没有接触过心理治疗，只是知道有这么一项服务。只有我被逼到不得不去解决这个问题的时候，我才下定决心去寻求帮助。

或许来得不算太晚吧，至少在这个年纪，我意识到了自己的问题。我也不知道还需要多久才能走出来，或许一辈子都需要不断成长。

替代父母成为我自己的依靠是非常困难的。回想起小时候的种种，我意识到我的父母只能接纳我好的一面。从上学这条路来看，他们从来没有考虑过我不上大学的可能性，我一定要上大学，不能像我亲戚家的孩子一样没有上大学。

我应该是个榜样，在老家上初中和高中时是最优秀的。虽然我的本科被调剂了，但是它是一所正规的大学。然后我自己逼着自己考研究生，这是我父母所能接受的我的人生轨迹，其他的是绝对不能接受的，所以我不敢放松。考上了研究生，我整个人失去了奋斗的目标，我不知道我的人生将来应该走向何方，我应该做什么，我该如何生活，我一无所知，我什么都不会。家人把我当作榜样，但我内心非常惶恐，因为除了成绩好之外，其他的我真的一无所知。

我很自卑，我妈妈还告诉我要更自信一点，但我从哪里能得到自信呢？我的后盾在哪里？

2021.10.15

今天早上在班车上的时候，我想起了大学时的一件事情。二表哥让我给他的孩子取个名字，因为他觉得我一直在外面上学，有文化，想让一个有文化的人给他孩子取个好名字。

我并不是不想帮忙，但当他向我提起时，我内心感到慌乱，因为我并不擅长取名字，我的语文也不好，可我觉得如果拒绝了他，就好像是不愿意帮忙的借口，说自己不会起名字好像是为了不费脑子而想出的借口。

我对自己的能力感到怀疑，在拒绝时又像是找借口不愿意帮忙。我认为自己一遇到事情就会退缩和逃避，这件事也是一样的。但实际上，我确实没有能力去做那些事情，或者是我不能确定我做得是不是正确的、好的或可行的。

儿子的幼儿园老师问，家委会中是否有人有时间参加秋季委员会。我看到了，一直在等其他妈妈发言。当其他人都表示有事无法参加时，只有我没有发言了。虽然我可以向单位请假，但又有点感觉请假好像是向领导提要求一样，不知道该怎么说，觉得频繁请假可能不好。因此，我内心感到紧张。

2021.10.19

我意识到自己无法接受自己不优秀或表现不佳的一面。从小时候开始，许多人都说我是个好学生，而且父母也一直对我有着相应的期望。对我来说，如果成绩不好或者出现其他任何问题，就意味着我不再是个好学生，进而会认为自己毫无价值。

大学期间，我期中考试不及格是有原因的。事实上，我只是为了学而学，根本没有真正理解所学内容，只是机械地死记硬背。

高一的时候，有几个朋友想带我去打耳洞，我当时对该如何拒绝感到困惑。我从来不知道该如何拒绝别人，只是习惯听从他人的建议，无论对错。于是，我跟着她们去打了耳洞。然而，我的父母对此的反应异常强烈，仿佛我犯了什么严重错误。

我姨妈倒是无所谓，她甚至担心我的耳朵发炎，特意为我找茶叶梗，找不到的时候，就用牙签插入耳垂，以防耳洞长回去。当时我并没有太多感觉，但现在我意识到姨妈可以为我这样做，说明她是能够接纳我的行为的。

然而，我的父母却不同，这导致我在任何事情上都必须隐瞒他们。我绝不会与他们交流我内心的真实想法，除非遇到不得不说的事。

今天下午去幼儿园时，我需要告诉领导一声，但在此之前，我一直感到内心不安，好像欠领导什么似的。告诉领导之后，我感觉自己放松了下来。我不敢提过多的要求，害怕领导不喜欢我。我不想让别人讨厌我，因为那样会让我觉得自己的人生毫无价值。

咨询师问我是否对他人有要求或讨厌某些人。高中时，我特别讨厌一个女生，虽然我们没有过多的接触，但我感觉她可能依赖她叔叔的家庭，或者她叔叔的家庭对她特别关照，而她可能没有什么特长或技能。我对这样的人感到厌恶，可能认为她没有价值，甚至是他人的累赘。

也许是天气逐渐变冷的缘故，早上坐在班车上时，我产生了一种说不上来的感觉。可能是因为缺乏期望、缺乏依靠，导致内心缺乏安全感的感觉变得更加强烈。我感到无所依靠，这让我非常不舒服，也不知道接下来会遇到什么，这种未知的情绪无法得到缓解。

2021.10.23

今天在咨询室里，我感到非常委屈，泣不成声。之前我也会哭，但没有像今天这样感到如此委屈。我真的很委屈，非常想逃避与人的接触，因为一旦接触就会感到自己对他人的不耐烦是不对的，发脾气是不对的。

为什么人生会变成这样？小时候看到我妈穿尖头的高跟鞋，我并不喜欢。当时我并不知道世界上还有许多不同的鞋子，我以为只有一种样式的高跟鞋。我曾担心未来会怎样，因为我以为只有那一种样子的高跟鞋。

2021.10.25

前天下午回到家后，当我独处时，我开始哭泣，这是一种非常委屈的哭泣，我感到非常委屈，无法控制这种委屈的情绪，哭泣得无法停止。突然间，我产生了父母真的不爱我，我也不想原谅他们的感觉。我内心真的感到无依无靠，否则我也不会如此害怕，害怕一切。

除非有与我相熟且我觉得能够接纳我的人陪伴在身边，否则我下意识地想要逃避。从小到大，我一直都是这样的，当我心情好的时候没问题，但当情绪低落时，我无法与意见或思维不太一致的人在一起。

我并没有做出让父母无法接纳我的很多事或行为，家庭氛围的压抑让我变得很懂事、很乖巧。如果我不乖巧，可能会面临风暴般的惩罚，那样的话，我可能会毁灭。

当我没有自我意识时，我特别害怕别人说我没有主见，或者认为我只是表面应付一下，不认真对待事情。我记得刚入职的那年，我的电脑出了些问题，我问别人，但别人也不知道。我就一直追着问，因为害怕别人会说我只是敷衍了事。

2021.10.29

今天早上我突然想到高三时的巨大压力，那时候的感受是如此沉重，我仿佛觉得如果考不上大学就会毁灭一样，我无法找到任何方式来舒缓自己的心情，一直处于沉重的压力之下，对周围的事情毫无兴趣。

我之前曾经尝试通过药物来缓解这些压力，希望药物可以帮助我应对害怕和不安的情绪，让我能够坚定地走过那段困难的日子。然而，我发现药物并不能解决问题，即使我服用药物，我仍然无法面对那些沉重的压力。

我意识到自己仍然是如此脆弱，无法面对过去带给我的伤害和恐惧。虽然我希望自己能够变得更加坚强，重新以积极的态度面对生活，但现实却并非如此。我心里的问题一直存在，当我面临类似的情境时，我仍然感到恐惧。我的心理问题非常严重，否则我也不会一直陷入抑郁之中。

我对自己的一切都不认同，我觉得自己毫无可取之处，没有任何优点。我只要犯了错误，就认为自己是不好的，我整个人就都变得不好了，别人也不会喜欢我了。

我感到自己并不像一个成年人，而更像是一个幼稚孩子的状态，这个状态甚至可能比几岁的孩子还要差。任何事情都让我感到压力，我害怕做不好，害怕做错，害怕没有和某人打招呼，害怕说错话而招惹别人。

2021.11.02

我觉得如果别人没有得到某样东西，那我也不能得到；如果别人没有成功完成某件事，那我也不能成功。我感到害怕，不敢自己拥有和完成一些东西，但别人却不是这样，他们从来不害怕去追求自己想要的东西。

或许是因为我害怕得太多了，我一直不敢承认自己是这样的人。我害怕被认为是懦弱的，我的父母似乎一直看不起懦弱和软弱的人，他们强调要强大、要有才能。然而，我既不强大也没有才能。

在他们身上，我并没有学到什么，我只看到了强势和厉害的人，他们随意地责骂晚辈和地位较低的人。我总感觉自己被一双眼睛盯着，让我不敢做任何事情。父母经常讲的是谁谁谁有才能，谁家的女儿考上了什么公务员，谁家的孩子一个月挣多少多少钱。我不知道他们是羡慕这样的人，还是看到别人这样自己心里很不舒服，或者是觉得我和我哥不行，挣钱不多，没有从事那种非常“高级”的工作。

只有当你有才能、优秀的时候，他们才觉得你好，可能会认可你。从来没有人告诉过我，我也可以是一个普通人，我不优秀，没有才能，也会有人爱我。我真的感觉，如果我能够得到更多的接纳，我的性格会变得好很多。

是的，我甚至嫌弃自己的性格不好，因为一点小事我可能就会发脾气，情绪会变得烦躁，很久都无法恢复正常，我觉得别人都是快乐的，而我却不是，我会变得小心眼，别人的一句话可能都会刺激到我。

2021.11.04

我压抑了自己真实的想法和需求，让自己误以为拥有想法和需求是错的。因此，我对自己的需求感到迷惘，不确定哪些是真实的需求，不确定自己应该拥有什么样的需求。当我看电视时，如果看到那些优秀的孩子，我会自我贬低，感觉自己不如他们。在选择节目时，我会避免看那些可能会刺激到我内心的内容，但我并不清楚到底哪个方面会刺激到我，即使是在观看竞争性节目时，我也会感到紧张。

我曾经十分羡慕我初中时的一位好朋友。她大学毕业后回到了老家，她并没有追求什么大目标，只想在那片土地上过平淡的生活，考上公务员然后平平淡淡地工作生活。我当时特别羡慕她的心态，她能够满足于现状，享受自己平凡的日子。我希望自己也能有那样的心态，但是如果让我回到老家过那样的生活，我绝对做不到，因为这中间掺杂着我对老家的恐惧，对原生家庭的恐惧，对小时候生活环境和身边的人的恐惧。

除了对超越他人的渴望没有那么强烈外，我对完美、安全、卓越、和谐和被爱都有需求。我渴望自己与众不同，想成为那种与众不同、超越平凡的人，不被普通事物所困扰。我不看手机走路，不看手机吃饭，我不会做那些“不好”的事情。但实际上，真正的原因并不是我有多出色，而是我害怕。

2021.11.08

虽然我开始意识到我的家庭和我自身施加在自己身上的各种限制，但我却不知道该如何摆脱这些束缚。

当我刚开始接受咨询时，我不知道是因为听了咨询师的话还是读了一篇文章，我记住了一个观点——要意识到自己的价值观可能是错误的。当时我在想，我的价值观没有问题啊，我认为自己的价值观是正确的，怎么会意识到现有的价值观是错误的呢？我觉得自己不可能有这种意识。当时我内心感到困惑，因为我很少自己思考，我觉得自己不行、不会、不足以理解，而别人拥有理解力。

在工作繁忙的时候，我也懒得去思考、去反思、去领悟。下班后，我只想玩手机，不去关注与自己无关的事情。我也非常羡慕那些过悠闲生活的人，但我却不敢选择这种生活，因为我认为这样只是浪费时间和生命，没有做有意义的事情。

2021.12.08

我发现我经常感到焦虑并急于完成任务，但我并不清楚为什么会如此着急，似乎只有完成一件事情后才能稍作休息，享受更多的时间。这种感觉让我觉得做任何事情都很烦琐，我也无法心无旁骛地去完成。

与同事一起吃饭时也是如此，我觉得如果我等她们，就不能早些回到工位上，然而我又不敢明说，内心的冲突让我感到不舒服。也许我潜意识里认为，如果我早到，就意味着我更出色，更优秀。当工作紧急时，我害怕同事会批评我。

我经常将自己代入孩子的状态，感觉自己十分脆弱，不能承受任何负面言论，受到的伤害也特别大。这种感觉让我回到了小时候，那个被父母无法接纳的状态，感觉自己没有人生价值。

2021.12.09

我过于关注他人的情绪，希望每个人都能开心。如果有人不高兴，我就会感到压力，似乎只有繁忙工作的人才不会被人指责，才不会浪费时间。有时候，当部门的人在工作间隙聊天时，我潜意识里不太赞同，我认为他们不应该这样，我自己也不敢聊与工作无关的内容，除非我状态良好，有足够的自信。

我感觉自己要为他人而活，希望别人看到自己努力和认真的样子。虽然我也想偷懒，不努力，但我不敢让别人知道，否则他们对我评价就不好了。

有时候我发现，其他人在工作时，领导也在场，他们居然在闲聊，我会想，他们怎么可以这样？难道不怕领导不满意吗？难道领导不会认为他们没有认真工作吗？

2021.12.12

我一直以来都不是为了自己而活，而是为了父母。然而，我逐渐意识到自己缺乏安全感，害怕各种人和事，但我不敢承认也不敢表露。我说我不喜欢强势的人，实际上是害怕他们。因为我没有自己的需求，我不知道何时应该提出需求，哪些需求是合理的，哪些是不合理的。我以他人的舒适和快乐为出发点来衡量一切。

实际上，我对爱一无所知。我现在才意识到小时候并未受到接纳和认可，对爱与不爱的概念很模糊。父母口口声声说他们爱我，但爱在哪里？或许他们只是为了实现自己的愿望，或者为了给自己争光，或者为了不被抹黑，或者为了摆脱焦虑。

有人说人和树一样，不修剪就会长歪长散。但人不是树，人有思维，人有改善自己的自我意识。如果一个孩子得到足够的爱，他绝不会伤害自己、伤害他人或伤害这个世界，因为他知道自己有价值，他不需要做那些不好的事情。那些被称为问题孩子的孩子们只是缺乏足够的爱。

2022.01.01

我感到非常害怕，害怕到了极点。我不知道该怎么办，我不敢尝试任何事情。从小我胆子就很小，不敢做任何事情。甚至现在在单位多签一个小时的加班时间都让我胆战心惊，我不知道自己敢做什么。我对花钱总是心疼，即使在外面吃饭，我也不敢点自己喜欢的菜，总是选择便宜的，因为一旦花了很多钱，我就会觉得自己是错的。父母对我的洗脑太严重了，我结婚那年，买了一件一千块钱的羊毛开衫，回去后整个人都崩溃了，觉得自己不应该花那么多钱，似乎一下子花了那么多钱，我就变成了错误的人。

我的注意力都集中在自己说的话是否正确、做的事是否正确上。我不能花钱，一旦花钱就是不好的、不对的。我不能打扮自己，在各个方面将自己封闭起来，把自己囚禁在一个牢笼里，无论做什么都需要他人的允许，即使得到了别人的允许，有时候我自己也不敢，还是觉得不对。

从小开始，我感觉父母总是有事要忙，也不关心我，或许幸运的是他们不关注我，否则我连一丝空间都没有。回顾我的人生，真的没有什么值得讲述的，没有也无所谓，为什么一定要有呢？

即使现在他们的态度好了，我也不敢相信，害怕去相信，也不想原谅他们，他们太可怕了。我从来没有感受到他们对我的爱，真的，他们太可怕了，他们两个都很可怕，他们的思想、行为都太可怕了。小时候的印记深深地刻在我的脑海里，永远无法磨灭，太可怕了。我感觉我的家庭永远不会像其他家庭那样轻松，永远都是争吵不休。我内心就是一个受伤害的小孩，一直都是个小孩，感觉无法成长，却又不断受伤。

2022.01.03

昨天坐班车时感到反胃，非常不舒服，班车晃来晃去，我感觉要吐了，这让我想起研究生时期，用脑过度导致胃部不适。刚上研究生的时候，我的脸上长了非常严重的青春痘，我自卑得不敢开口说话，担心被人嫌弃，内心非常恐惧和不安。它们一直无法好转，非常难看，我很担心别人不喜欢我，也不知道怎么办。那段经历非常痛苦，我根本不想回忆。当时我很自卑，觉得自己什么也不会，和同学们比起来简直是相形见绌，因为他们都能保研，能力也确实出众，而我在大学除了死读书什么都不会。

大学时，我内心觉得除了考试，其他都不重要。计算机专业我也不愿意学，因为我觉得学它需要灵活的思维，而我只会死记硬背。我也没有任何业余爱好，不玩游戏，不唱歌跳舞，对任何事情都没有兴趣。我对任何人都好，只是为了假装出自己好。我没有自己的想法。军训时，为了不让别人说我没有主见，我会故意挑刺，就是为了装出有自己的想法，也怕别人说我是老好人。

2022.01.05

不再关注别人的感受，这种真好。

在单位里，我一直对一个同事感到害怕，因为她很能干，技术也很出色，分析问题非常准确，思路也很清晰。我内心深处非常害怕她看到我的真实状态，怕她嫌弃我。我从内心深处害怕她，害怕被她压倒，她有时给人一种高高在上的感觉，我害怕这样的人，因为我没有自信，我害怕，害怕自己没有价值，没有用处，能力不够，担心自己的话和行为会让别人不高兴。我担心自己会给别人找麻烦，也害怕别人找我麻烦。我关注自己的日常表现，还会参考别人的行为，担心自己做得不好，说得不对。

2022.01.06

害怕和别人交谈，一方面是因为不知道应该和别人聊些什么，觉得自己不擅长活跃气氛，缺乏话题；另一方面是害怕别人说话时会指责我，对我没有善意，或者讨厌我。每天脑子里都会想一些杂乱的事情，担心这样会不会不好，别人会不会说我，我会不会对别人产生负面影响。我还会和别人比较，自己没有能力，却还想和别人比，比完之后自己又会受到刺激。对任何事情我都希望一下子做好，总是急急忙忙的，像是有人在催促我。内心的“恶魔”让我连看电视时都没有耐心，一直换台，有时候想看这个，又想看那个，看了这个又觉得那个好，摇摆不定。太多东西压抑在我内心深处，深深地埋藏在心底，始终没有得到释放，一直压抑着，最近我才逐渐开始回忆，以为自己已经忘记了，但实际上完全没有忘记，也没有一刻获得过真正的宁静。大三时和舍友去逛街，我去修眉，结果被店员划破了眉毛，我舍友都生气了，我却不敢发火，因为我觉得自己太丑了，我不敢面对自己的脸，也没有底气去和店员理论，于是事情就这样不了了之了。明明我可以发火，我却不敢，我已经变得如此卑微，但又不敢让别人发现我的卑微，因为这样会更加丧失自尊。小时候，父母给我的反馈让我不敢说实话，不敢表达真实想法。我本来就是一个敏感的人，别人说什么我都会放在心上，再加上父母从来没有对我温和过，总是带着一副严肃的表情，我下意识地收敛了自己的行为。渐渐地，我没有自己的想法，没有自己的意见，只会跟风，别人怎么说我就怎么说，我也关闭了自己内心的情感，封闭了自己对外界的感知能力。我不敢敞开心扉，我把自己裹在一层又一层的壳里，这样才能稍微感到安全一些。对于过去几十年的人生，我一点都不满意，完全不满意。我过得过于小心翼翼，过于谨慎，青春就是允许放肆的时光，而我却无法放肆，任何事情我都不敢去做；别人拒绝我或者态度稍有不好的时候，我就不敢继续做事，整个心情就低落了，因为我会在意别人的想法、喜好和情绪。我似乎不是为了自己而活着，从小就被洗脑，要上一个好大学，找一个好工作，但是我到底学到了什么，对什么有兴趣，父母完全不在乎，好像我的人生就是为了找一个好工作。

2022.01.11

我对生活完全没有热爱，甚至连兴趣都没有。

我在与任何人打交道时，都不敢拒绝、不敢说不，也不敢抱怨。表面上看起来，我像是一个任劳任怨的老好人，但实际上并非如此，我内心深处其实非常有脾气，只是不敢展现出来。

我总是随大流，只有别人先行动，我才敢去做；别人没有做的事情，我就不敢主动去尝试。我父亲一直灌输给我这样的思想，让我不要直接表达自己的意见，要委婉地表达，然后让别人去直说。我一直按照他的意思与他人相处，但这样做真的很累，别人可能也觉得我不够真诚。

谁不渴望父母的爱呢？我一直渴望着，只不过那种死亡的压抑氛围让我不敢去思考，不敢有任何表达，不敢抱有什么奢望。我只能缩在角落里，什么事情都不做，这样还能稍微感到安全一些。我没有任何安全感，几十年来，我一直完全封闭自己内心深处的情感，不让自己有任何情感体验，害怕受到任何伤害，也避免与他人交流，不断躲避。

当别人说想家的时候，我却不想回家，因为回家对我来说就是回到一种病态的生活，非常恐怖。

2022.01.12

即使是微小的事情，只要涉及别人，我也会感到压力。我只能按部就班地生活，不能有任何变化。一旦有突发事件，一旦有一丝动静，我就无法应对。

我一直深陷于童年时的情绪中，那些埋藏在内心深处的事情，某个阶段突然像火山喷发一样涌上心头，无法控制。我承受压力的能力非常差，或者说我几乎没有承受压力的能力，完全没有。

我从小就没有被人爱过，长大后却仍然渴望父母的爱，希望他们认同我、接纳我。我就像一棵没有根基的树，表面上的叶子看起来与别人无异，但根基已经腐烂，缺乏生命力，所以我完全没有对生活的热爱，一点热情都没有。

我父亲还以此为荣，觉得我这样很好、很有规矩，于是我完全被他操控，已经完全失去了自己的想法和感受，因为他们不允许，而我也不敢反驳，也没有想要反驳他们的想法，甚至觉得不能让我父亲受委屈，我要有所作为、要出人头地，不能让别人轻视他。想想真可怕，他自己内心存在问题，无法接受别人对他的批评，无法忍受别人在面子上对他不好，而我却帮他承受这一切。

2022.01.13

别人一提起父母，通常都会有温情的回忆。而我与父母之间完全没有感情可言，不论与他们中的哪一个相处，我都没有一丝感情。我对他们只有恐惧和下意识的服从。他们真的太可怕了，如果我不按照他们的意愿行事，我会感到一种强大的力量，让我觉得自己会死去。他们真的太可怕了。

我确实是那种不注重过程、只关心结果的人。不论是吃饭、洗澡还是做其他事情，我都希望能够一下子做好、做完。我不知道什么是不浪费时间，所以我觉得活着没有任何意义，对生活的意义感到迷茫。

2022.01.14

这几天我一直睡不好，内心深处的恐惧让我感到崩溃，而其他人却都在想着回家过年。我完全无法回家，一见到父母就陷入抑郁，即使吃药也无法止住这种抑郁。

我需要直面恐惧吗？但每次见到他们，我都会下意识地听从他们的安排，跟随他们的步调，这让我非常厌恶自己。如果我不按照他们的意愿行事，我就会自责。

在我妈面前，我还敢发发脾气，稍微耍点小性子，但在爸爸面前，我根本不敢。这让我非常害怕，昨晚我又想到我小时候他说过的话："你倔强，再倔强，我也能让你服服帖帖。"当时我多么希望有个人能抱着我，安慰我，给我一些温暖，而不是在情绪上拼命打压我。后来我就变得不敢尝试任何事，生活的各个方面我都不敢尝试。

我将父母的评判标准内化为自己的标准，他们对我的时间进行了严格规划，我的睡觉时间是固定的，每天我都觉得时间很紧迫，我必须尽快回家，脑海中有个声音在不停地催促我，让我不要待在外面，要赶快回家，回家就是好的，不回家就不好。

我总是毕恭毕敬地对待别人，我认为别人都应该受到尊重，而我并不配。当别人对我过于尊重、过于看重时，我也不知所措。家庭环境让我完全失去了自我，内心缺乏安全感，不知道这个世界有多么广阔，有没有一个属于自己的角落。

我无法接纳自己，对周围的一切都不满意。我渴望周围的一切都是完美的，但我无法接受现在这样的人生、这样的环境。这样的人生令我感到挫败，状态非常糟糕。

我只能在有限的范围内接纳孩子，但因为我自己都无法接纳自己，所以我并不能真正接纳孩子。但我非常害怕我的孩子走上我以前经历过的创伤之路，我知道那种深深的痛苦。

我确实不是真实的自己，就连坐出租车时，我在车上说话都害怕司机听到，担心他对我有负面的看法。我在意的事情太多了，面对这些事情，我整个人都快崩溃了。

2022.01.17

别人做任何事情都是正常的，而我觉得自己做任何事情都不应该，不应该有需求，甚至无法接纳自己。一旦外出，就会发生我无法控制的事情。只有静静地躺在家里，才不会产生那么多自责、不完美、不应该。

因此，我什么都不做，这样就不会出错，不会变糟，不会变得不完美。最好什么动静都不产生，这样就不会有不好的想法，自己就不会对自己进行批判，也就没有那么大的压力。我觉得我以前一直都是非常理智的，但实际上完全是在压抑自己的需求和想法。

我确实是活在别人的眼中，但实际上这只是我自己预设的别人的反应。也许别人根本不关心我是谁，就算别人说了我又能怎么样呢？实际上只是我自己内心在嫌弃自己。

2022.01.19

我从小就对自己有极高的要求，要让父母高兴。但他们从来都不开心，一直都不开心，在我成长的记忆中没有开心和放松的时刻。因此，我承受着巨大的压力，我以比父母对我的要求更高的标准要求自己。当我与丈夫在一起时，我知道他的每句话、每个行为都会让我父母不满意。可我也害怕给他们添麻烦，觉得不能给他们增加负担。

2022.01.20

我对这个世界缺乏基本的信任，充满了恐惧和害怕。我觉得自己毫无用处，甚至憎恨自己。我一直认为自己不够好，可我从来不想承认自己只是一个普通人，我总是追求完美。这种要求似乎是不可能实现的，但深藏在内心的声音不断要求着我，而我却无法控制它，一直服从于它，一直认为它是正确的。

2022.01.24

今天早上突然想起高中时去庐山旅游的经历，当时我和一个女生坐在同一辆缆车上，走到某个地方时，对面的缆车上的人向我们打招呼。我不知道该如何回应，但在内心深处，我喜欢这种被注意的感觉。

我需要外界的赞誉，尤其是别人的认可和喜欢。但同时，我也感到恐惧，害怕别人嫉妒，担心只有我得到了好的待遇，别人会不高兴。

2022.02.16

有一股强大的力量一直逼迫着我追求完美。

“你看别人都那么忙，你为什么这样闲着却不内疚呢？”这种想法真的很可怕，不是别人的想法可怕，而是我自己的想法可怕。我以为别人会嫌弃我，但实际上是我自己在嫌弃自己。我给自己设立了过高的标准，导致无论我做什么，自己的内心都不满意。这确实是我的问题，这么多年来，我对自己没有自信，可能很多时候，在和别人进行交流时，并不是别人觉得我烦，而是我自己觉得我烦。虽然我意识到了问题，但问题并没有被解决，我一直唾弃自己，觉得自己很烦。

2022.02.18

我的心开始慌乱起来，非常慌乱，无论我怎么做，自己都不满意。之前的时候并不是我真正接纳了自己，可能只是因为吃药后心情变好了。心情好的时候，许多事情我都不那么在意。但现在回想起来，我意识到自己的认知非常扭曲，因为当时我还是觉得自己不会聊天，不会找话题，不会与别人交流。我内心像住着一个暴君，它告诉我这个不行、那个不行，我不可以这样。这个暴君并不是别人，而是我自己，我对自己特别嫌弃。

我对自己有过高的要求，当别人不高兴时，我会认为是我的问题。我的内心就像一个无底洞，无论如何都填补不满那个缺口。我没有能量，无论做什么都感到压力，对自己不满意。

2022.02.23

我感到特别虚弱，心情慌乱，不知道该如何拯救自己。我总觉得有个人在盯着我，有个力量在控制着我。有时候，即使没有事情发生，我也会担心突然会发生一些意外，然后我就被击倒了。

我对自己有着严格的要求，要求自己必须完美，不能拖拉。我要做事情干净利索、迅速，要一直保持高效率。然而，当有多个任务同时出现时，我不知道哪个更重要，我想一下子把所有事情都搞定，但实际上做不到。当事情变得压力重重时，我完全无法抵挡。心中有个声音不停催促我，告诉我不能停下来，必须赶紧行动。即使我完成了一些事情，也没有任何满足感。

我觉得别人的事情是重要的，而我自己做的事情都不重要。如果一件事情需要花费很多时间，我就觉得不值得去做，因为没有效率。我只关注结果，对过程一点兴趣都没有，也无法体验其中的美好和成长。

我真的非常害怕我爸爸。我将他的言行全部压在我的心底，一直在满足他和妈妈变态的要求。所以，我觉得自己不配发脾气，不配不开心，不配失去耐心。我觉得自己没有价值，在角落里无法动弹。

2022.03.16

我是一个被我父亲吓坏的小孩子。本来我就比较乖巧，又敏感，加上我爸爸的各种挑剔，我觉得自己不论做什么好像都不对。从小到大，我要求自己在方方面面都表现得完美，不能有一点瑕疵。

作为员工，我必须出色地完成工作，最好对业务的各个方面都有了解，不能什么都不懂。作为母亲，我必须对孩子负责，要照顾好他的方方面面，让他性格好，学习成绩好，在课堂上表现好，运动好……每一项都要做好。我也知道我无法完全控制他的一切，但我还是会责怪自己没有做到极致。孩子在奶奶那边，我就会觉得自己没有陪到孩子，自责不已。因为我认为，他是我生的，如果我不照顾他，就是我的错。我要在每个方面都做好，这太困难了，我真的做不到，但是内心的声音又要求我把什么都做好。作为儿媳妇，我要尊重公婆，我会不自觉地讨好他们，但又不愿意听从他们的意见。如果我对他们不耐烦，我还是会自责。

2022.04.04

我是一个无法自我认同的人，对于我所做到的事情，我认为都是理所应当的；而对于我做不到的事情，我觉得都是不应该的。我的要求过高，可能令人难以置信。我渴望被爱，但一直陷在过去的阴影中无法摆脱。我一直在讨好我的父母。对于能力强、社会地位高的人，我也将自己置于与他们不平等的地位，我觉得我低人一等，我刻意讨好他们并贬低自己。

我感到非常卑微，无论做到什么事情，我都不能肯定自己。即使我做到了某事，我也不会给自己肯定或赞赏，因为我认为那是应该的，觉得那不算什么。如果别人拥有某些我所没有的东西，我会感到非常难受。

同时，我也有自负的一面。当我做好一些事情后，我会觉得自己高高在上，认为自己比别人更高级。我觉得自己不是凡人，也不是普通人。但是我却无法达到自己心中对于追求完美人生的要求，于是我陷入自卑和抑郁之中。

2022.05.30

早上醒来时，我意识到不能让自己轻松和没有压力，因为这样在我看来是一种“放纵”，对孩子的要求也是一样。我以前对孩子的接纳只是理智上的接纳，就像咨询师所说的，我扮演一个母亲的角色。虽然我不愿意承认，但实际上是这样的。咨询师揭示了我自己看不到的东西，但我不愿意承认，因为承认就意味着我没有真正地接纳孩子。所以我对自己非常苛责。如果我能扮演一个开明的母亲角色，还能得到好的名声，孩子也会得到一些好处，这是我所追求的。然而，内心深处的枷锁并没有解开。如果不是咨询师，我不会逐渐触及自己内心的问题，因为这个过程太痛苦了，会颠覆我的认知，这让我感到恐惧。如果不深入分析，我真的以为自己是一个好妈妈。但当我的幻想被戳破时，我的内心会产生排斥，因为我发现自己其实是在扮演一个开明的妈妈，而不是真正地接纳了孩子。我不是一个开明的妈妈，这让我感到不舒服，我竟然不是。

2022.06.20

昨天上午去心理咨询时，咨询师感冒了。我询问具体情况，他说他受到打击后情绪变差，然后感冒了。我问他，怎么会有这么大的情绪波动，他说他也是人，如果被撞了也需要去医院。我说我知道这个道理。或许我内心想的是，如果是咨询师的话，他的情绪可能会有所波动，但应该不会波动那么大。然而，这可能只是我假设或幻想的结果，因为再强大的一个人，也是有血有肉的真实存在，而不是机器。每个人都会有情绪，都会犯错误，因此我与咨询师聊了半个小时这个话题。事情是这样的，原来咨询师的家庭也有琐事存在，家庭氛围并不像别人所想的那样完美。这可能就是现实，我一直没有活在现实中，而是一直活在理想中。

2022.07.04

昨天我去了心理咨询，咨询师让我思考一下，我是否还抱有幻想，幻想能得到父母的认可。之前我也曾思考过这个问题，但当时我真的不愿意思考，因为思考这个问题会带来很大的痛苦。我发现自己过去是以父母的需求、高兴与否、满意与否作为衡量自己行为的标准。现在我再次思考，这个幻想不是指希望通过自己的行为获得父母的认可，而是希望不做任何事情，按照自己的行为准则来做，然后得到父母的认可，获得真正的支持。但是，我确定这是不可能实现的。因为连我自己的内心都无法完全认可我的行为，更何况他们呢。所以，我的心里可能一直没有根，没有那个初始的安全感的源泉，才会不断地复发，不断地自我找碴儿，自我责备。这是一个不断重复的循环，我觉得自己快乐就不行，花钱就不行，放松就不行，我必须逼迫自己做很多事，不是出于内心的真实追寻，而是出于外在的压力、害怕和恐惧。

2022.11.08

我好像一直在幻想电视剧中的生活，幻想拥有有趣又好看的朋友，好像那样会让人羡慕。我发现自己会嫌弃不好看的人，但又不愿意承认。我希望我的生活充满趣味，但事实上，生活充满了缺点、乏味和烦闷。我希望自己永远是对的，永远不会犯错。希望自己有趣、表现良好、好看，能够让别人眼前一亮，吸引人。但我非常懒惰，退缩，见到帅哥就脸红，连走路都会变得不自然。我特别想拥有一群帅气的朋友，并不是因为感觉会很幸福，而是希望那样会让人羡慕，满足我虚荣心的需求。我突然又嫌弃自己的长相，觉得自己脸上有色素沉积，有青春痘，我讨厌顽固的它们，讨厌自己不好看的脸。小时候，我就讨厌自己的长相，这种讨厌一直持续着。我希望拥有漂亮的脸，从而吸引别人的注意力。

2023.01.10

王老师，你说我没有真正的自信，也没有健康的自尊。确实如此，我没有正常的自尊，我的所谓自尊是一种自负。以前我完全没有意识到这一点，因为我觉得自己已经非常自卑了，怎么还会有自负呢？怎么会想凌驾于别人之上呢？

虽然我非常自卑，但我幻想中的自己却是高级、能干、厉害的。我不能比别人差，比别人弱，我希望得到别人的认可。但首先，我自己就看不起自己，我不敢将如此病态的自己展示出来。我会想：别人会怎么看我？我认为别人不会接纳我，他们再也不会喜欢我了，我就没有朋友了。我自己就无法接纳这样的自己，之前所说的接纳只是理智上的接纳，虽然在更早的时候，我连在理智上也不接纳。

2023.02.06

我该怎么办呢，王老师？我觉得我特别嫌弃我自己，一直在指责自己，我真的很难受。我心里的那个心魔非常扭曲，我无法正常生活，按照那样的方式下去，我只有一条死路可走。我真的不知道该怎么办，不知道该如何接纳真实的自己、爱自己。我也不知道真实的自己究竟是什么样的。您能告诉我该怎么办吗？我现在特别想变好，不想再这样痛苦下去了。为什么别人的痛苦程度没有我这么深，没有我这么严重？是因为别人内心对自己的指责没有我这么严厉，没有我这么嫌弃自己吗？而我非常非常嫌弃自己，可能已经达到了自恨的程度。我的认知也非常扭曲，那种比较正常的三观认知只存在于理智上，而我的内心完全不同意。我之前一直没有觉察到这些，现在也只在有些时候才能觉察到。我该怎么办呢？我不知道，我似乎从小就没有过正常的时刻，从我有记忆开始。

寄语

医治童年的伤痕——爱你自己

抑郁看似来自外界的失败与不如意，实际上来自自己对自己的嫌弃与憎恨。因为不能成为幻想中完美的自己，所以才对现实中的自己产生了诸多不满，我们甚至认为现实中的自己并非真正的自己，幻想着治好了抑郁，我们便可以成为自己想要成为的人——成功，优秀，完美，被所有人所接纳。

所以，开始治疗的时候，患者的注意力会放在如何战胜抑郁上，但实际上抑郁并不是用来战胜的，而是用来理解的。

你为何会抑郁，为何不能接纳自己？这才是我们需要分析的问题。

其实，不懂事的小孩，往往极少出现抑郁，因为此时他是一张白纸，不会要求自己怎样，也不会用过高的标准来苛求自己，还是孩童的时候，我们关注的只是自己的情绪与生理的需求。但随着年龄的增加，我们在原生家庭中慢慢形成了自己的人生观与价值观，也深受父母的观念影响，最终这一切内化进了我们的内心，深植到了我们的潜意识当中。

看似每个人都是独立自由的人，但如果原生家庭带给你的不是自由与开放，而是禁锢与恐惧，那么根植在你潜意识中的价值观就慢慢变成了你衡量自我价值的标准，也成了你行为的准则，并最终成了你人生的追求。所以，这个时候的你已经不是一个真正自由的人，而成了被原生家庭所影响的木偶，此时你也不是真正的自己，而是为了迎合原生家庭而塑造的虚假人格。

但这一切都在言传身教与悄然无声中进行，如果不是现实与自我产生强烈的冲突形成心理问题，自己还一直以为自己在一条正确的道路上，也认为这个自己就是真实的自己。

心理问题的成因主要是理想中的自己与现实中的自己的冲突，简单来说，当我们认为自己应该完美、优秀、不凡，或沉浸在如此的幻想之中，并把这当成了真实自我，当成了现实，那么现实中自己的无能、失败与不完美，就成了一种“不应该”的存在。当现实打破了理想中自己的幻想，使自己发现自己并不是自以为的那么独一无二、与众不同，而自己又不能接受真实的自己原本如此平凡和普通，就会陷入内心的冲突与挣扎。

当然，摆脱冲突的道路只有两条，一条是拼命努力，努力优秀，完美，成为高人一等的人；另一条是放弃幻想，回归现实，承认自己的平凡与普通，与平凡的自我和解。

一开始，抑郁者往往会选择前者，就算进行心理咨询，他也是希望咨询师可以帮他去掉症状，不再痛苦，成为他想要成为的人，过上他想要的生活。当然，这个期望可以理解，但却不现实。治疗只能帮助他成为一个真实的人，而不是维系“神”的幻想。

正如，一位来访者痛苦地来寻求疗愈，希望我可以帮他格式化大脑，这样就可以“重启人生”。

但他想要的人生是怎样的呢？

不会失败，不会被人看不起，不会被欺负、被伤害，没有他不懂的、做不好的事情，要么不出手，出手便成功。

因为现实中的他会被欺负，会被伤害，会被看不起，也不能做好一切，所以他认为自己病了，并把自己封闭了起来。他幻想通过心理咨询就可以好起来。

当然，他是绝望的，毕竟现实中并没有魔法，不能让他活在完美的幻想之中，所以绝望不是坏事，毕竟对幻想的绝望反而是新的希望的开始——开始成为一个人，开始成为你自己。

虽然疗愈的基础是自我接纳，但这对患者来说是不容易的，因为在原生家庭与成长经历中，他形成了一种根深蒂固的潜意识——我是不好的、不被爱的，一旦活出真实的自己，就会被否定与伤害。

童年的心理的伤痕，沉淀为潜意识中的恐惧，他恐惧他自己，因为真实的自己在父母的眼中是不好的、不被接纳的，他必须成为父母希望他成为的人，这样才能获得父母的爱。而这种原生家庭带来的心理伤痛并没有随着年纪的增加而缓解，在新的人生阶段，这种恐惧依然伴随着他，让他不能卸下防备与伪装，他必须表现得好、让别人看得起，因为当他失败，或他的不完美之处暴露出来的时候，他内心深处会认为别人也不会接纳这样的自己。

当然，这只是他内心恐惧的外在投射，毕竟他是以父母的眼睛来看待这个世界，而这个世界真实的样子他并不知道。实际上，这个世界上有许多种不同的活法，并没有哪一种是唯一好的或正确的。治疗的过程就是睁开眼睛看清自己与这个世界，摆脱原生家庭带来的负担与束缚。

一个人认为自己是好的或是坏的，实际上并不取决于这个人本身，而取决于他内在的标准，如果他内心住着一个“暴君”，那么就算他做得还不错，他还是会不断地苛责与否定自己，这也是我在很多抑郁者身上所观察到的现象。虽然我会提醒来访者，他对自己要求太高、太苛刻，实际上他没有那么糟，但他并不能相信我说的一切，毕竟他心中内化的父母苛求完美的标准已经根深蒂固，成了他评判自己、看待这个世界的方式，所以他认为别人也一定是按照他的标准来评判他的。他没有发现，实际上别人也许和他有不同的价值观，看不起他的不是别人，而是他自己。

就算他已经长大了，他的内心依然住着一个被嫌弃的小孩，他被吓坏了，躲在角落里，因为他的父母把内心的伤痕和恐惧投射到了他的身上，让他以为这个世界是可怕的，世界上的人是不包容的，他稍有不慎就会被伤害、被否定。而随着时间的推移，他最终会像条件反射一样认为是自己不好、是自己不对，必须把自己变好才能活下去。

他忽略了一点，即这种结论式的评价，不过是按照父母的标准进行的评判，这并不是真相，毕竟父母也只是人，不是神，父母曾经也是一个孩子，他们内心也有伤痕。而他们口口声声说是对我们好，潜意识中不过是用我们的优秀和完美来给他们撑面子，维系他们的虚荣与自负，只是这些可能连他们自己都意识不到，或者他们也不想意识到。毕竟，这样他们就可以维系自己一贯伟大光荣正确的“好父母”的形象，就可以光明正大地认为一切都是孩子不好，是孩子不努力，不能给自己争光。而孩子在父母不断的“教育”下，最终也认同了这一切。

“这不是你的错”是疗愈的核心，也是有待我们去认识的真相。

毕竟，一个孩子能犯什么天大的错呢？

所以，对心理问题的疗愈从来都不是方法性的，而是觉察与顿悟。毕竟，只有我们发现这一切的真相，只有我们看清楚内在的伤痕，只有我们明白完美的幻想不过是为了逃避面对那个被嫌弃的小孩，我们所执着的一切不过是因为我们不能接纳那个本来的自己，我们才能好起来。

疗愈来自放下与接纳，我们要放下父母的包袱、被爱的幻想、成为一个优秀而完美的人的执念；要接纳一个不完美的，但却真实的自我。

你会发现，当你越是能放下幻想，看清现实，接纳自我，外在的症状就会越轻，对自我的憎恨也会越少，而此时，你已经在朝着疗愈的方向前行了。最终你会发现，其实本来的自己就很好，你不必变得多优秀，而你依然值得爱与被爱。

当然，这并不是一朝一夕就可以做到的，有时靠自己的力量看清这一切也是困难的，所以必要的时候也需要心理师的帮助，帮你看清真相：看清父母的神经症；看清自己的幻想；看清内在的暴君；看清自己并非自己所认为的那么糟糕，这只是因为“父母”住在了我们内心，继续在苛责我们。但苛责并不是爱，真正的爱是接纳、理解与包容。

而在认识自我、原谅自己的过程中，也需要不断地投入生活之中，打破之前的各种禁锢。你会发现，就算你做出一些“出格”的事情，实际上在现实中，这些事并没有什么大不了的。现实的反馈会帮你更好地去觉察和发现，你所逃避的、无法面对的，实际上就是生活本身。

在这个过程中一定会有新的冲突和新的恐惧，然后我们需要继续分析、思考与顿悟。治疗从来都不是一个线性的过程，而是跌跌撞撞、反反复复的，但只要你在正确的方向上，迟早有一天你会发现，这不是你的错，你不用活在虚假的面具当中，你可以真实地生活，这个世界并非像你想象的那样苛责与缺乏包容。

在这个过程中，你会不断地加深对自己、对生活、对这个世界的认识，你最终会突破父母给你设置的障碍，不断地活出自己，找回自由与真实。

从曾经的患者到现在的医者，我一直坚信：“有时，成功的关键在于，尽管前景不容乐观，我们仍须不放弃努力！”

爱才是医治一切的良药，希望这本书可以教会你如何更好地爱你自己。爱自己意味着对自我的接纳，无论优秀还是不优秀，完美还是不完美。爱是无条件的，爱并不是幻想自己成为一个更好的人，爱意味着成为你自己，就算你很平凡、很普通。请相信，在痛苦的前行与求索中，在爱的陪伴下，我们总会慢慢理解、原谅，并找回真实的自己。

后记

找回自我的旅程

本书的写作过程历时近两年，而它其实已酝酿了许多年。我一直想写一本关于治疗抑郁的书，希望通过我的经历和经验，帮助患者更好地了解抑郁、从抑郁中走出来。但由于写作水平有限，希望本书能在“平淡”中与你产生共鸣。也希望本书中的一些内容能为你战胜抑郁提供一些帮助。

患上抑郁是不幸的经历，但同时也是幸运的礼物，它和生命中的其他苦难一样。虽然苦难折磨着我们，但也正是苦难的存在才促使我们成长。如果生活本身就是一本无字书，那么它的深刻内涵正包含在苦难之中——正是苦难教会了我们要懂得珍惜，正是苦难使我们变得坚韧，正是苦难使我们变得成熟，也正是苦难使我们发现本来的自己。

如果没有抑郁，想必我永远也无法知道自己为何而活、对我而言生命中什么才是最重要的。是抑郁让我知道了生命的短暂与无常，所以我必须珍惜每一天来做自己喜欢做的事、爱我所爱的人。也许，这正是抑郁带给我的最好的礼物吧。

其实，正是因为抑郁的存在，我们才有时间停下来反思自己与人生，才有进一步了解自我的动力，也才有可能放弃幻想回归现实。抑郁患者的痛苦大多来自“幻想”与“现实”的冲突。正因为现实难以面对，幻想遥不可及，患者才产生了绝望与抑郁；也正因为不能摒弃幻想，患者才迷失了真实自我。找回真我的旅程，就是一段慢慢放弃幻想并回归现实的旅程，当我们不必在幻想中维系完美自我时，便可以在现实中真实地活。

任何不曾杀死我的东西，让我更强壮。

——尼采

参考文献

1. 吉尔伯特．走出抑郁 [M]．宫宇轩，施承孙，译．北京：中国轻工业出版社，2000.

2. 卡伦·霍妮. 实现自我: 神经症与人的成长 [M]. 方红, 译. 北京: 中国人民大学出版社, 2008.

3. 乌尔苏拉·努贝尔．不要恐惧抑郁症 [M]．王泰智，沈惠珠，译．上海：生活·读书·新知三联书店，2003.

4. 欧文·亚龙．爱情刽子手 [M]．张美惠，译．太原：希望出版社，2008.

5. 维克多·E. 弗兰克尔．追寻生命的意义 [M]．何忠强，杨凤池，译．北京：新华出版社，2003.

6. 沙夫．心理治疗与咨询的理论及案例 [M]．胡佩诚，等译．北京：中国轻工业出版社，2000.

7. 郭念锋．国家职业资格培训教程：心理咨询师（1 级）[M]．北京：民族出版社，2001.